上海大学出版社

2005年上海大学博士学位论文 4

机械制造过程中的知识管理的研究

- 作 者： 贾 磊
- 专 业： 机 械 制 造 及 其 自 动 化
- 导 师： 裴 仁 清

2005 年上海大学博士学位论文　4

机械制造过程中的知识
管理的研究

作　　者：贾　磊
专　　业：机械制造及其自动化
导　　师：裴仁清

上海大学出版社
·上海·

Shanghai University Doctoral
Dissertation（2005）

Research on Knowledge Management
of the Manufacturing Process

Candidate：Jia Lei
Major：Mechanical Manufacturing
and Automation
Supervisor：Prof. Pei Renqing

Shanghai University Press
• **Shanghai** •

上 海 大 学

　　本论文经答辩委员会全体委员审查,确认符合上海大学博士学位论文质量要求.

答辩委员会名单:

主任: 洪迈生　教授,上海交大机械系　　　　　200030

委员: 杨　志　教授,上海交大图像所　　　　　200030

　　　李爱平　教授,同济大学机械系　　　　　200092

　　　郁松年　教授,上海大学计算机系　　　　200072

　　　郑建棠　研究员,华东理工大学　　　　　200237

导师: 裘仁清　教授,上海大学　　　　　　　　200072

评阅人名单：

    杨　杰　　教授,上海交大图像所　　　　　　　　200030

    李爱平　　教授,同济大学机械系　　　　　　　　200092

    刘宗田　　教授,上海大学计算机系　　　　　　　200072

评议人名单：

    张申生　　教授,上海交大计算机系　　　　　　　200030

    陈炳森　　教授,同济大学中德学院　　　　　　　200092

    沈　斌　　教授,同济大学中德学院　　　　　　　200092

    阚树林　　教授,上海大学　　　　　　　　　　200072

答辩委员会对论文的评语

知识管理对提升制造企业的核心竞争力具有重要意义. 论文围绕在机械制造过程中如何实施知识管理的若干问题进行了研究.

鉴于资料分析表明：知识管理在机械制造过程中的应用尚处于初级阶段,所以论文的研究工作具有理论意义和实际价值.

论文主要创新点有：

1) 初步构建了机械制造过程中的知识管理模型,分析了知识管理和机械制造过程中现广泛使用的企业资源计划、产品数据管理、统计过程控制、状态在线监测等技术的融合. 研究了所需的管理模型和环境模型；

2) 针对机械制造过程中获得的动态、模糊、不确定数据,研究了还原对象特征的分析处理技术. 结合轧辊辊型测量仪的研究,提出了递归神经网络滤波及在干扰情况下进行误差分离的统计时域两点法；

3) 对数据挖掘所采用的关联规则算法,融入了约束、闭集理论、概念格等技术,提出了一系列新算法,有助于提高知识发现的速度和精度.

建议今后开展下列后续研究：

1) 深化知识管理研究.

2) 关联规则挖掘技术是知识发现方法的一种,需要加强与其他方法的比较,并进一步研究所挖掘知识的整理和运用.

　　论文选题具有前沿性、创新性和跨学科性. 论文条理清晰, 层次分明. 理论分析正确, 引证资料丰富、实验结果可靠. 表明作者已经掌握了本学科的基础理论和相关的专门知识, 具备较强的科学研究的能力.

　　经答辩委员会五人无记名投票表决, 五票赞成, 0 票弃权, 0 票反对, 一致同意通过论文答辩, 并建议授予贾磊工学博士学位.

答辩委员会表决结果

　　经答辩委员会表决, 全票同意通过贾磊同学的博士学位论文答辩, 建议授予工学博士学位.

答辩委员会主席: 洪迈生

2005 年 3 月 10 日

摘　　要

知识经济正在悄然走来,知识已经可以像资本、劳动力、原材料一样,作为一种生产要素投入生产. 在新世纪中,制造企业之间的竞争已经转变为知识之间的竞争,企业已经进入了一个以知取胜的时代,为了保持自身的竞争力,制造企业必须对知识加强管理.

在机械制造过程中,无论是技术开发、设备维护,还是售后服务、状态在线监测,都有开展知识管理的需求.

目前,知识管理在机械制造过程中的应用仍处于初级阶段,研究工作停留在一些支持知识共享和重用的技术上. 作者指出在机械制造过程中实施知识管理时,管理并充分利用现已获得的知识即知识共享是制造企业发展的基础,而企业要想保持其核心竞争力,关键之处在于知识创新.

围绕在机械制造过程中如何实施知识管理尤其是知识创新,本文主要开展了以下研究:

(1) 系统地分析了制造企业机械制造过程对于开展知识管理的需求,提出了机械制造过程中的知识管理的框架模型. 研究了知识管理与制造企业常使用的 ERP、PDM、SPC 和状态在线监测等技术的融合. 针对制造企业需要根据制造过程的实际情况设计相应的知识管理系统,提出了融合知识创新和知识共享的松紧知识管理模型. 为了知识管理(知识创新与知识共享)的实施,设计提出了所需的环境模型(A-Dynasites Model),并引入了知识进化模型来促进环境的不断完善和发展.

（2）由于在机械制造过程中经常会遇到只能获得模糊的、不确定的数据的情况,因此需要研究如何通过分析处理还原出对象的特征的技术. 本文结合轧辊辊型测量仪的实际研发和使用,在数据预处理（滤波技术）方面,提出了优于常用滤波技术的、具有鲁棒性的递归神经网络用于滤波. 在数据融合技术（误差分离技术）的研究中,分析了在干扰情况下误差分离技术的运用,并提出了新算法——统计时域两点法.

（3）知识发现是知识创新的核心. 在获得能准确的反映被测对象特征模式的信息之后,研究了如何从这些数据中挖掘出潜在的有用知识. 作者对关联规则的算法进行了深入的研究. 根据机械制造过程的实际需要,在融入了约束、闭集理论、概念格、推理技术和估计技术的基础上,提出了一系列新的算法,并通过实验进行了验证.

（4）基于知识的机械制造设备状态在线监测系统的设计方法研究. 提出了能够促进知识创新的、基于知识的机械制造设备状态在线监测系统的设计方法. 设计方法包括知识准备、知识处理、方案拟定和评价验证等四个步骤. 在该方法指导下,设计了风机轴承远程状态在线监测系统.

关键词 知识管理,知识创新,知识共享,机械制造过程,数据预处理,特征模式获取,关联规则,设计方法

Abstract

Knowledge Economy is coming now. Like capital, labor and material, knowledge can be used as a factor of production. In the new century, the competition among the enterprises has transformed into the competition of knowledge they owned. In the new era that winning depends on knowledge, enterprise has to manage knowledge in order to maintain its competitive power.

In the manufacturing process, almost all the sections such as R&D, Maintenance of Equipment, Service after Sale and Condition Monitoring have the requirement to execute knowledge management (KM).

Presently, KM is still in the primary phase in the application of the manufacturing process. The research work is mainly based on technologies that supporting knowledge sharing and reusing. During carrying out KM in the manufacturing process, the author proposes that managing and using existing knowledge through knowledge sharing is only the base of the whole activity. If the enterprise wants to maintain its core competition power, it has to innovate.

The research of this dissertation is focused on the knowledge management especially knowledge innovation of the manufacturing process. The main contents of this dissertation are as follows:

(1) After analyzing the requirement of KM of the manufacturing process systematically, the author not only proposes the framework and model of KM of the manufacturing process, but also explores how to combine it with the traditional methods used in process such as ERP, PDM, SPC and Condition Monitoring, etc. According to the practical requirements of manufacturing process, the paper proposes a loose-tight knowledge management model to combine knowledge innovation and knowledge sharing. The author not only designs the environment model (A-Dynasites Model) needed by the KM activity, but also introduces knowledge evolution model (SER Model) to help promote the environment.

(2) In the manufacturing process, the collected data always has the feature of fuzzy, incomplete, noisy, etc. So it is important to explore how to catch the character of the measured object through analyzing these data. Combining with the designing and using of apparatus to measure the profile of roller, in the data preprocessing aspect, the author proposes a new filtering method — General Regression Neural Network (GRNN). It not only has the robust feature but also is more efficient than the traditional method. In the research of data fusing technology especially error separation technology (EST), the author not only analyzes how to use the EST with the noisy data, but also proposes a new EST method — Statistically Second-Point Error Separation

Method.

（3）Knowledge discovering is the core of knowledge innovation. After getting the true character of the measured object, the author analyzes how to discover the potential useful knowledge from the data. The author pays more attention on one of the knowledge discovering methods — association rule. According to the requirements of manufacturing process, after combining with many technologies and methods such as constraint technology, closed itesmets theory, concept lattice, inference technology and estimation technology, the author proposes a series of new algorithms. The efficiency of them has been proved by experiments.

（4）The research on how to design a knowledge-based condition monitoring system used in manufacturing process. The author proposes a new knowledge-based design method to construct condition monitoring system that could promote knowledge innovation. The whole method includes four stages: knowledge preparing, knowledge treating, program generation and evaluation & certification. Under the new method, the author designs a system to condition monitoring the shaft bearing of fan.

Key words Knowledge Management, Knowledge Innovation, Knowledge Sharing, Manufacturing Process, Data Preprocessing, Pattern Recognition, Association Rules, Design Method

目　　录

第一章 绪 论

1.1 课题研究背景

近几十年来,由信息科学所带动的科技革命几乎触及到社会经济的各个角落,并在逐渐改变以传统的、大量消耗原材料和能源为特征的工业经济模式. 科学技术的迅猛发展引发了人类社会和人们生活方式的强烈变革,使人类的心智和创造力都取得空前的拓展和成就. 这时,一种新的经济模式——知识经济正在悄然走来. 1996 年,世界经济合作与发展组织(OECD)首次将"知识经济"明确定义为:"以知识为基础的经济","知识经济是指建立在知识和信息的生产、分配和使用之上的经济". 这一定义表明,知识已经可以像资本、劳动力、原材料一样,作为一种生产要素投入生产,以提高投资的回报率[1~5].

随着知识经济的到来,人们开始关注于企业如何生存、如何发展、如何竞争等一系列新问题. 对于过去一直依赖于物质资本和高度自动化的现代制造企业来说,所面临着的毫无疑问是前所未有的机遇和挑战. 在新世纪中,制造企业之间的竞争已经转变为知识之间的竞争,企业已经进入了一个以知取胜的时代,企业只有加强对知识进行管理才能保持自身的竞争力[6~11].

如果制造企业要开展知识管理,那么毫无疑问对整个机械制造过程开展知识管理是其中最核心的部分. 机械制造过程是一个非常复杂的大系统,它是制造业中产品设计、物料流动、生产计划、生产过程、设备维护、质量保证、经营管理、市场销售和售后服务等一系列相关活动与工作的总称. 而知识管理的引入,毫无疑问将对机械制造过程的各个环节产生重要影响.

比如,在企业的技术开发领域,简单的增加技术投入、人才投入和资金投入还不能够保证企业竞争力的提高. 企业还需要对开发过程中所产生的知识有一个恰当的管理手段,这就是知识管理. 在技术开发中,企业可以开展的知识管理活动主要包括:a. 不断创造新知识. 建立更多的研发中心,吸引更多的优秀人才,预计技术将来可能的发展方向,投入大量的人力、物力来进行技术开发,创造能提高企业竞争力的新知识. 例如,通用汽车有限公司就建立了泛亚汽车研发中心、德尔福公司在上海建立了亚洲研发中心、大众汽车公司建立了产品开发部等. b. 知识的充分共享和利用. 由于经济的全球化,许多大型的制造企业在世界各地都设有研发中心,在企业外部也有很多智囊团,这时就需要把这些企业内外的专家联系在一起,通过共同协作、充分利用和共享现有知识来发挥集体的力量. 例如爱立信公司为了使自己成为一个全球同步的研究整体,就将分布在全球 20 个国家的 40 个研究中心的 1.7 万名工程师联入一个单一的网络[12]. 由于每个技术人员在自己熟知的领域里都是一位专家,因此设计这样的网络就可以为共享现有知识、创造新的知识创造条件. c. 智能资本的保护. 技术开发过程会产生大量的知识,很多独特的知识由于不易被竞争者所模仿从而成为企业的核心竞争力,因此它们必须要受到保护. 例如,企业采用知识管理的思想,可以充分利用专利这类智能资本来给企业带来巨大收益. Dow 化学公司在接受知识管理的思想之后,就发现企业内未被充分利用的 29 000 项专利就是重要的战略财富. 通过对企业专利的经营和管理,企业在 1994 年通过专利许可就赢得了 2 500 万美元,在 1997 年企业盈利更是超过 1.25 亿美元[13]. d. 使企业免受人员流失带来的影响. 企业的技术开发过程往往要经历很长的时间. 在这个过程中,不但可能出现技术人员的流失(离职或退休),而且可能会有新的技术人员的加入. 对知识加强管理不但可以保留技术人员的部分知识,减少由于人才磨损给企业带来的损失,还可以为新来者快速的融入研究队伍和研究内容创造条件.

又比如,在设备维护领域,知识管理也能发挥重要作用. 在机械制造过程中有大量的现代化设备,对这些设备的维护对于整个制造过程的开展是非常重要的.设备维护是一项对工作经验依赖性很高的工作.只有在发生问题、解决问题的过程中,技术人员的知识才会慢慢地积累起来,这通常需要很长的学习周期.在目前的人才市场上,企业即使出了很高的薪酬都很难招募到所需要的、具有丰富经验的维修技术人员.所以,在制造企业设备维护领域,在现有人力、物力和财力的条件下,需要对企业现有的知识财富采用新的管理方法和技术手段.通过对上海某大型汽车有限公司维修部的调研发现:(1)维修部门所管理的设备地域分散性很大,缺乏一个集中管理的方法和手段;(2)维修部各个子部门之间的协作和交流十分有限;(3)每个工程师负责自己的一个范围,保存自己的经验和知识并不与人交流,使得其自身具有不可替代性;(4)部门的年龄结构趋于老化,很多具有实际经验的工程师在不久的将来都会退休;(5)行业内竞争日益激烈,一些有竞争力的工程师在企业内部寻求部门调动或者跳槽去其他公司;(6)企业的培训机会较少,对企业外部知识和技术的发展情况了解甚少,缺乏与专家交流的平台,缺乏鼓励员工开展个人学习,团队开展组织学习,不断创造新知识的机制.这一些问题综合起来约束了维修部门工作效率的提高.知识管理方法的引入无疑会促进维修部门内知识的共享,子部门之间的协作,新知识的创造,从而对于解决上述问题具有积极的作用.

同样,知识管理为企业售后服务赋予了新的意义和内容.客户的需求一方面使得企业明白接下来要在产品上做哪些创新和改进,同时客户在使用产品过程中所产生的知识对企业来说也是非常有用的. HP公司在20世纪90年代中期发现由于企业扩张迅猛,企业无法找到足够的技术人员来开展客户服务支持工作.所以,在1995年,公司采用了一个知识管理工具——"Case-based reason"来获取由企业内技术人员和企业外客户提供的关于技术支持的知识,然后把它提供给分处世界各地的HP员工和客户.由此所得的结果是不容置疑的:客户投诉电话的数量减少了2/3;为每次投诉进行服务的成本降低了 50％,以至于企业可以雇佣比当时更少的客户服务人员就能完成任务[10]. 由此可见,通过知识管理实现的实质上是客户之间的互相帮助,客户对于企业的帮助. 企业通过反馈的、技术支持内容的分析和研究,也会对自己产品有着更深的了解,通过新知识的创造和综合来不断提高企业产品的竞争力.

从以上分析可见,在先进制造业中,机械制造过程运行管理是很重要的. 为了保证整个生产过程的顺利进行、保证产品的质量和企业的竞争力、保持快速响应市场的能力,企业需要时时关注整个制造过程中各个环节的重要信息,如新产品的设计开展情况、物料的流动状态、加工设备的工作状况、产品的质量情况、产品的销售情况、客户的满意度和需求等等. 制造企业可以把对这些在整个制造过程中,对企业决策起到重要作用的、各个核心环节信息的监测统称为机械制造过程状态在线监测. 通过状态在线监测,企业不但可以了解整个制造过程的运行状态,还可以根据当前的状态对未来进行预测,防微杜渐. 目前,在企业中开展最广泛的无疑就是其中的机械制造设备状态在线监测.

机械制造设备状态在线监测的目的就是通过研究设备运行状态信息的变化,从而识别设备所处的状态,然后施加以适当的措施以保证生产活动的高效执行. 机械制造设备状态在线监测不但是一项非常复杂的活动,而且需要解决其中不断涌现的新问题. 以钢板轧机为例,由于钢板整个生产制造过程的复杂性,很多因素都会对所轧钢板质量,生产效率,快速响应市场需要的能力产生影响,例如钢坯质量、轧制速度、钢板原料进给速度、温度、润滑液和轧辊的辊型等等. 如果能够准确地获得这些相关因素的测量数据,那么这就转化为一个多目标的优化问题. 然而在实际状态在线监测活动中,所面临的问题要比想象中的复杂得多:由于受到车间环境、测量仪器和人为因素的影响,所测信号中包含了大量随机、模糊和不确定的信息;技术人员所掌握的关于各个因素之间相互关系及所发生问题的解决方案的知识还远远不够;组织上也缺乏对在生产制造过程中起到重要作用的各项资源、信息和知识进行有效管理等等,这一些综合起来不但局限了轧机设备状态在线监测的效果,而且影响了钢板生产质量、生产效率的提高. 而知识管理的融入无疑为解决上述问题、提高状态在线监测的效率提供了契机.

综上所述,在机械制造过程中,无论是产品开发、设备维护、售后服务还是运行管理,都需要开展知识管理. 企业不但需要综合、全面了解和利用制造过程中现有的所有信息和知识,而且需要在这些知识的基础上不断创造新知识. 加强对知识的管理,毫无疑问对机械制造过程的顺利开展和企业核心竞争力的提高起着重要作用.

1.2 什么是知识管理

对于知识管理的定义,不同的组织、学派、学者有着不同的定义方法[7~10, 14, 15].

管理学大师 Taylor 认为强大的外界环境力正在改变 21 世纪管理者的世界. 这些作用力呼唤着一种组织结构和策略的根本改变,这就是知识管理;

Open University 商学院的知识管理专家 Paul Quintas 指出知识管理包括以下的这些过程:管理知识以满足现在的需要;辨别和发掘已存在的、需要的知识资本来为企业创造新的机会;

Fortune 杂志的主编之一、著名的管理学家 Thomas Davenport 认为知识管理是根据企业的目标而探索和开发有用的知识财富. 被管理的知识包括显性知识和隐性知识. 对知识的管理包括了所有与辨识知识、分享知识和创造知识相关的过程. 这就需要系统来支持知识库的建立和维护、知识分享的培养和促进以及组织学习. 开展知识管理的组织必须把知识视为一种财富,并开发支持知识创造和分享的规范和评价方法;

Knowledge Research Institute 主席 Karl Wiig 觉得知识管理是系统化、显性化和慎重地通过建立、更新和利用知识来实现企业与知识相关活动的有效性以及知识资本收益的最大化;

Criminal Investigation，Internal Revenue Service 的 CIO，Tom Beckman 认为知识管理使得企业能通过捕捉、形式化、组织、保存、访问、应用和共享知识、经验和技能来实现企业的高业绩. 通过管理知识能得到的其他益处还包括优化企业决策、优化合作和知识共享以及提高企业劳动力的工作效率和知识等等；

著名的企业管理咨询专家 David Skyrme 认为知识管理包括显式的和系统化的管理重要的知识以及根据企业目标搜集、组织、分发、使用和探索知识的相关过程；

US Navy DON CIO 认为知识管理可以为被视为通过对高效的智能资本应用的优化来实现组织目标这一过程. 简单地来说，知识管理就是对知识的管理，管理在这里指的是在创造、产生、分类、存储、分发、通讯、处理和重复使用知识的过程；

在作者看来，以下由 2000 年被 Information System World Survey 评为世界上在知识管理领域最有影响力的两位专家之一的 Yogesh Malhotra 所作出的知识管理的定义最全面地涵盖了知识管理的全部内容[6~15, 16]：

知识管理是当企业面对日益增长着的非连续性的环境变化时，针对组织的适应性、组织的生存和竞争能力等重要方面的一种迎合性措施. 本质上，它包含了组织的发展进程，并寻求将信息技术所提供的对数据和信息的处理能力以及人的发明创造能力这两方面进行有机的结合.

知识管理的核心在于做应该做的事情（doing the right thing）而不是做好一件事情（doing the thing right）. 在其所提供的框架下，组织把所有的过程看作为知识过程，把企业过程如知识的创造、共享、更新和应用看作为组织生存和竞争力的关键.

1.3　国内外研究现状

1.3.1　知识管理的研究现状

近 10 年来，随着信息、通讯技术的不断发展，知识管理引起了学者们的广泛关注[17]. 到目前为止,在知识管理领域的研究主要分布在知识管理框架、基于知识的系统、数据挖掘、信息和通讯技术、数据库技术这五个方面.

1. 知识管理框架

自从著名学者 Polanyi[18]在 1966 年对显性知识和隐性知识的区别展开了讨论之后,大批的学者以此为基础,提出了大量的知识管理定义、规范、框架、概念等. 日本著名的知识管理学家 Ikujiro Nonaka[19]在 1995 年提出了著名的 SECI 模型,并指出为了顺应知识经济,需要建立创造知识的企业(The Knowledge-Creating Company),而信息技术会为之实现提供帮助. 世界上第一个被正式任命的与知识管理相关的高级管理人员——Skandia 公司负责智能资本的副总裁 Leif Edvinsson[20],Maryland 大学的 J. Liebowitz,George Washington 大学的 K. Wright[21]和 InReference Inc. 的 Jeef Wilkins[22]都在知识财富和智能资本的定义和评价方面开展了研究. Knowledge Research Institute 的主席 K. M. Wiig[23]提出了一个概念性的知识管理框架,它把知识管理视作为回顾(Review)、概念化(Conceptualize)、细想(Reflect)和行动(Act)这四项活动的整合,并且提供了相应的方法、技术和工具. 荷兰的学者 G. VAN. Heijst[24]从组织的视角,认为组织记忆可以作为开展知识管理的一项工具,它包含了组织中的三种类型的学习方式:个性化学习、通过直接交流学习和通过知识库学习. Salem State College 的 Stephen Drew[25]从企业战略的角度,研究了企业家如何从知识的角度、利用现有的工具把知识管理融入企业的战略中去. 美国学者 B. Rubenstein-Montano[26]在研究了现有的大量的知识管理框架基础上,对一个标准的知识管理系统所需要包含的内容提出了建设性的意见.

2. 基于知识的系统(KBS)

基于知识的系统研究的主要内容包括如何使一个组织变得更加知识化、基于知识的系统在知识管理系统中的作用,以及如何在特定的领域中使用基于知识的系统等等. 加拿大 British Columbia 的 J. S.

Dhaliwal[27]提出一个基于知识的系统包含知识库、推理引擎、知识工程工具和用户界面这四个部分.著名学者 Kenneth Laudon[28]则认为基于知识的系统包含了所有能够对管理组织知识资本提供帮助的信息技术,例如专家系统、基于规则的系统、群件系统以及数据库管理系统等等.

基于知识的系统的应用领域是十分广泛的.例如,法国学者 S. Cauvin[29]设计了基于知识的系统 Alexip,用于精炼和石油化工过程中的监测.英国 Greenwich 大学的 Brian Knight[30]着重研究了 KBS 中的基于规则的推理技术,他指出这项技术包含了数据库更新规则、过程控制规则以及数据删除规则,并把它用在过程控制中.韩国学者 Boo-Sik Kang[31]则通过采用 KBS 系统中的推理决策树技术、神经网络技术来对企业生产的产量进行管理.基于案例的推理(CBR)也是 KBS 中常用的一种技术,韩国学者 Dongkon Lee[32]、Carman K. M. Lee[33]把它用到了产品的概念化设计上,Myung-Kuk Park[34]用它来解决复杂生产过程中所遇到的问题.在 KBS 中,使用最广泛的技术无疑就是专家系统了,充分利用其所具有的模拟专家思维推理方式,再与模糊技术、统计概率技术相联系,使得其的应用领域十分广泛.

3. 数据挖掘

随着信息的产生、传播速度越来越快,信息的交易量日益增加.人类面临着一个新问题:虽然所接触信息的绝对数量在增加,但比重却在下降,也就是信息的含金量在下降,新知识的增长并没有同步.因此,从大量的数据和信息中挖掘出有用知识,变成了一个具有重要意义的研究领域.数据挖掘应运而生.数据挖掘是人工智能、计算机科学、机器学习、统计理论、数据库管理、可视化等领域的交叉学科.

如今,数据挖掘的理论研究和应用领域正在不断拓展.英国 Essex 大学的学者 S. Lavington[35]指出在大型数据库中的数据挖掘分类引擎包含了贝叶斯分类器、规则推理、决策树算法等等.意大利学者 Mario Cannataro[36]在融合了网格技术的基础上建立了分布式的、支持数据挖掘的模型.英国 Ulster 大学的 S. S. Anand[37]把数据挖掘用于了交叉销售,马来西亚 Sains 大学的 Abidi[38] 把数据挖掘用于提高卫生保健企业的服务质量;韩国 Kyungpook National University 的 Sung Ho Ha[39] 在在线零售的管理实例中用数据挖掘技术分析了客户在不同时间段的购物喜好,并且制定了相应的销售策略. 新加坡 Nanyang Technological University 的 S. C. Hui[40] 把数据挖掘技术用于客户服务支持领域.

越来越多的软件厂商也开始数据挖掘方面的研究,开发了大量的数据挖掘工具,如 SAS 公司的 Enterprise Miner、SPSS 公司的 Clementine、IBM 公司的 IBM DB2 Intelligent Miner 以及 Salford 公司的 Cart 等等.

4. 信息和通讯技术(ICT)

随着知识经济的到来,能否快速高效的获得所需要的知识成为许多企业能否成功的关键. 信息和通讯技术例如 Internet 结合 Extranet、Intranet 以及无线网络则为实现数据交流、异地合作、信息共享、知识共享、知识创造、全球化经济创造了条件.

众所周知,知识共享就能带来力量,ICT 技术为知识管理中的各项活动诸如合作化设计、信息共享、组织学习和组织记忆提供了支持. 例如,George Washington 大学的 Elias G. Carayannis[41] 在 ICT 技术的基础上综合了企业的管理认知和组织认知,构建了组织认知螺旋;Arizona 大学的 Hsinchun Chen[42] 建立了友好的人机界面 COPLINK Connect 来实现不同数据源之间的融合,在决策中得到了应用;马来西亚学者 Harun[43] 利用 ICT 把 e-learning 引入到了企业车间,以推动员工的培训和学习;英国 Bath 大学的学者 B. J. Hicks[44]、美国 Georgia State University 的学者 B. Ramesh[45] 用 ICT 促进了工程设计开发领域知识和信息的捕捉、存储、共享和重用;韩国学者 S. B. Yoo[46] 则通过 ICT 实现了虚拟企业之间的数据共享.

5. 数据库技术

数据库管理系统(DBMS)就是使得企业能够集中数据、高效管理数据、为使用者提供方便的访问接口的软件系统. 然而,随着数据库容量的不断增大,在数据库中进行分析处理和知识发现的难度呈指数上升. 技术人员只有获得存在于数据库中的数据的背景知识、领域知识,才能加速对数据的分析处理. 为了满足后续处理的需要,现代的数据库技术必须要能够处理大容量、多层次、不同数据类型的数据. 目前,主要的研究领域包括多维数据分析、在线分析处理、数据仓库以及网络和超媒体数据库等等.

例如美国 Missouri 大学的学者 Jianguo Sun[47]研究多维数据的主元分析问题;美国学者 B. A. Megrey[48]采用科学化的视觉工具来开展多位数据的分析;美国 Artzona 大学的 Anindya Datta[49]通过立方体数据模型的建立来分析如何对数据仓库进行在线分析处理;英国 Brunel 大学的 Nikitas-Spiros Koutsoukis[50]研究如何把在线分析处理与决策支持模型综合起来;IBM India Research Lab 的 Mukesh Mohania[51]研 究 如 何 建 立 网 络 数 据 仓 库;新 加 坡 Nanyang Technological University 的 Schubert Foo[52]研究如何建立超媒体数据库来管理网络上的文本.

1.3.2 知识管理在知识密集型行业中的现状

国外许多处于知识密集型行业(咨询业、计算机网络业、石油化工业等等)的大公司[53]已经认识到了知识管理的重要性,并已经或正在付诸实施. Gartner Group 的调查报告指出,全球公司用于知识管理的费用到 2001 年累计已达到 50 亿美元.

1. 咨询业

McKinsey 公司发现由于没有充分利用集体的智慧使得企业丧失了很多为客户提供优质服务的机会. 在知识管理思想的指导下,不但通过利用新的手段和基础设施(如数据库、索引簿、专用信息协调程序等)来提高企业内部知识的共享程度和效率,而且还通过 Progetto Genoma 项目所创建的关于企业知识库的知识地图来实现对企业研究和咨询工作内容的分类机制的描述,为标识不同的咨询经验并存入相应的数据库创造了条件.

PWC公司针对知识拥有者之间缺乏联系和知识共享的现状,通过 Lotus Notes 软件把大约 2 万名咨询人员连接在一个它称之为"知识交易所"的网络上.其基本设想是设法通过一个非常复杂的组织来跟上世界范围内的观念更新和发展.知识管理就是不断地建立这种联系,并不断强化联系,促进联系的广泛性和有效性,包括把企业内外的专家联系在一起.

Ernst & Young 公司则根据企业的需求在于获取能够编码化的知识和共享化知识的保存,采用了 Lotus Notes 来作为主要的技术平台用于内部知识的获取和分发.到 1996 年初,企业已经建立了 2 000 多个不同的 Notes 数据库,这其中绝大多数是基于网络的讨论小组.

2. 计算机产业、复印机产业、网络业

Sun 公司发现无法快速、有效地培养专业销售人员,而传统的在教室里进行的传授方法不但价格昂贵而且需要大量的时间.因此,建立了基于局域网的知识和培训系统(SunTAN).它是一个交互式的、以网络为基础的课程管理和销售支持系统.企业员工可以根据自己的实际需要选择相应的学习内容.建立 SunTAN 系统的理念在于任何企业中的任何工作都需要培训的支持,而基于网络、个人需求并持续发展的系统将大大提高系统的效率.

Xerox 公司根据企业中大多数关于所销售产品所发生问题的解决方案都无法在企业的案例记录中找寻到的现状,开展了 Eureka 项目.内容包括:(1)对销售代理们的工作情况和特点进行分析研究;(2)企业为 25 000 名销售代理提供便携式计算机使他们无论在世界哪个角落都能够登录企业用于共享知识的网络;(3)以物质(经济收入)和精神(名誉、声望)相结合的方法来激励大家进行知识管理活动.

3. 石油化工业

Dow Chemica 发现企业需要可视化并且测算企业所拥有的智能资产,特别是处于混乱状态的 29 000 项专利.为此,建立一个包含以下六个步骤的智能资产管理模型:(1)策略:根据所处领域的不同,把企业现有的专利进行分类,并发现企业知识的不足;(2)竞争评估:

辨别出竞争对手所具有的知识、能力和智能资产;(3) 分类:企业需要把现有的专利分为三类:正在使用、将要使用和不使用;(4) 评估:对分类完的专利进行评估,寻找为企业创造价值的地方;(5) 投资:对于发现的知识缺陷,研究如何通过投资给予弥补;(6) 资产重组:对每一项所发现的积极、有效的专利加强管理.

Buckman Laboratory 发现企业现有的通讯链是十分笨重的,需要建立一个系统使得需要知识的员工能直接和拥有此知识的人进行联系.企业为此建立了 Buckman 知识网络,它的核心是一个开放式的论坛,员工不但可以在上面张贴信息、问题或寻求帮助(信息按照不同的主题分门别类),而且可以利用这个网络召开网络会议来讨论大家感兴趣的问题.

1.3.3 知识管理在机械制造过程中的现状

机械制造同样也是知识密集型行业,然而,经过文献检索发现,目前知识管理作为一项思想方法和管理模式,在工程领域尤其是知识密集型的机械制造过程中的研究和应用还很少.

在国内,南京理工大学的奚介荣、龚光容[54]提出了知识型制造企业的概念:知识型制造企业是在原技术密集型制造企业的基础上发展起来的,是以知识资本为战略资源,以人为本,以知识创新来取得竞争优势,实现知识共享,充分发挥人的积极性和创造性的知识密集型制造企业.他们对知识型制造企业的特点和知识管理的内容做了初步探讨.

浙江大学生产工程研究所开展了制造企业中的知识管理的研究[55](国家自然科学基金 79 970 036),指出企业知识管理的实施是一个系统工程,需要企业战略选择、企业文化培养、企业组织创新和有效的知识管理构建四个方面的协调发展,并通过构建知识结构图、知识利用图、知识分布图、知识传递图来方便于知识的共享.

空军第八研究所的王强、韩岷[56]结合飞机的设计和制造过程分析,设计了多个基于并行工程的协同工作小组,在广域网上实现异地设计和异地制造. 整个设计过程中采用了模块化的设计方法, 并把设计中的大量信息和知识保存了下来, 以方便于重用, 实现了设计过程中的知识共享.

重庆大学制造工程研究所的但斌、刘飞[57]在网络化集成制造及其系统研究中, 指出知识管理系统和计算机网络系统、分布式数据库系统、电子商务系统、供应链管理系统、网络化协同设计系统以及网络化制造执行系统构成了网络化集成制造系统的体系结构. 但是, 对于知识管理在其中的作用和实施的具体方法、流程、工具没有进一步的研究.

大连铁道学院的贾艳辉等[58]在分析了当今制造企业对工艺知识资源服务于管理的迫切需求的基础上, 提出了基于 Web 的工艺知识资源服务于管理系统. 通过知识管理工具的使用实现了工艺知识的保存、检索和共享.

同济大学现代制造技术研究所的李爱平[59]在分析了制造业所面临的变革和挑战之后, 探讨了知识对于产品创新和企业价值创造的重要性, 指出传统制造企业能否向知识型企业过渡的关键在于企业能否获取和应用知识. 着重研究了知识型企业知识共享基础的建立, 包括知识库的建立、网络化技术基础和知识共享文化.

清华大学的周杰韩等[60]从制造业信息化成就与产品知识特征建模分析出发, 研究了制造业知识管理的发展趋势, 提出了一种计算机辅助下的知识转换模型, 探讨了制造业可编码知识体系结构.

哈尔滨理工大学的隋秀凛[61]讨论了知识管理的定义与内容, 分析了企业知识管理的必要性和实现知识管理的技术基础, 构建了基于 Intranet 的制造企业知识网框架, 着重研究了企业知识库的知识流动链.

在国外, 那些具有前瞻性的制造企业已经意识到了知识管理的重要性, 开始逐步尝试着推行起来. 他们关注的大都是最优实践的重用和经验教训的共享.

例如 TI 公司通过知识管理的开展寻找到了持续保持市场份额

的方法[62]. 该公司针对实际生产制造过程中存在着主要决策部门之间的衔接不够顺畅、生产的各个环节不够完善等问题,通过知识管理,节省了信息交流时间,提高了生产力,加快了企业对客户需求的反应速度,不断缩小与目标之间的差距. 公司以分步骤的经营方式,使信息在不同的部门之间传递;这些步骤包括: 让所有部门都能了解任何其他部门的经验教训;集中精力关注一个经营过程,将该项目的信息在所有部门公布;鼓励不同的部门之间进行合作;在部门之间建立合作网,促使他们经常进行信息交流,从而避免重复劳动,降低经营成本.

Siemens 公司需要一个系统来存储企业所拥有的大量知识,并通过对其的组织、管理为将来的成功创造条件. 它还需要一个中央信息数据库,使得处于不同地方的员工能通过它来实现共享成功的经验和失败中得到的教训,通过建立公告板、新闻中心等以联盟为中心的合作工具来促进不同部门之间的合作和交流[53]. Siemens 为此采用了 ArsDigta 公司的 Sharenet 系统. Sharenet 系统需要使用者管理和共享关于以下对象的知识: a. 企业环境(客户、市场、竞争者和技术); b. 技术方案组件(网络结构、服务概念等); c. 功能方案组件(成本计划、金融概念等).

综上所述,知识管理领域的理论研究和实践应用正在不断发展,它已经引起了知识密集型企业的高度重视. 经过研究分析可以发现知识管理在机械制造过程中的研究和应用还处于初级阶段,特别是在国内,很多制造企业至今还没有对其产生足够的重视,现有的研究还只是理论和实践上的初步尝试. 对于在机械制造过程中如何开展知识管理不但在理论上缺乏具体实施框架模型的指导,而且在实践上缺乏可以借鉴之处. 不但没有充分剖析在其中所面临的复杂问题,提供解决问题的办法,而且也没有深入理解知识在整个活动中所扮演的重要角色以及知识创造过程和知识共享过程的重要作用和相互联系. 少数意识到知识管理重要性的企业往往把研究重点也只停留在知识库的建立和维护上,停留在一些支持知识共享和重用的技术如网络技术、群件技术、知识编码技术和知识匹配技术的使用上,这无疑无法满足制造企业在机械制造过程中的需求.因此,作者认为管理并充分利用制造过程中现以获得的知识即知识共享是制造企业发展的基础,而企业要想保持其核心竞争力,关键之处在于知识创新.只有不断创新,企业才能适应知识经济下企业之间的激烈竞争的需要.

1.4 论文的主要研究内容

• 机械制造过程中的知识管理的研究

机械制造过程需要知识管理.知识管理包含了知识共享和知识创新这两个核心部分.现有的相关研究把重点大都放在知识共享上.而对于过程中充满知识的机械制造过程,仅仅建立知识库、共享现有的知识,解决已经明白的问题是远远不够的.在机械制造过程中,新问题层出不穷,从而对新知识有着很紧迫的需求.知识管理是企业的一种核心竞争力,知识具有稀少、持久、难以复制、有弹性的特点,因此制造企业要想进一步去推进制造过程的开展,就必须开展知识管理,尤其必须去创造新的知识.在知识管理开展过程中,研究如何在机械制造过程中开展知识管理,尤其是实现知识创新、推动知识创新就是本论文的研究主题.

在本论文中,主要研究内容包括:

1) 研究在机械制造过程中开展知识管理的需求,构建机械制造过程中的知识管理框架模型,分析知识管理和机械制造过程中现广泛使用的 ERP 技术、PDM 技术、SPC 技术和状态在线监测技术的融合,指出制造企业在机械制造过程中开展知识管理时,需要根据实际情况实现知识创新和知识共享的融合,并通过分布式知识网络环境的建立来促进知识管理的开展;

2) 数据是知识发现的基础.结合轧辊辊型测试,在不知道对象具体特征的前提下,又只能获得动态的、模糊的、随机的、含有噪声的测量数据时,研究如何通过数据预处理和数据融合技术来去伪存真,得到对象的准确特征信息；

3）研究在机械制造过程中，在通过数据处理获得了被测对象的准确特征信息之后，如何去发现其中客观存在的、事先不知道的有用知识，即数据（知识）挖掘方法的研究；

4）通过实例，在知识管理思想的指引下，研究基于知识的、能够推动知识创新的机械制造设备状态在线监测系统的设计方法.

在本论文的研究过程中，根据制造过程的实际需要，提出了机械制造过程中的知识管理模型框架，分析和讨论了知识管理与现有技术（ERP、PDM、SPC、状态在线监测）的融合. 在知识管理活动中，知识创新和知识共享相辅相成. 提出了松紧综合知识管理模型来实现知识创新与知识共享的融合，建立了知识管理开展所需的环境模型（A-Dynasites Model）以及引入了知识进化发展的开放式模型（SER Model）来推动知识管理环境的不断完善和发展. 根据机械制造过程中获得数据所具有的模糊性、随机性、干扰性特征，结合轧辊辊型测试，从数据预处理技术（滤波技术）和数据融合技术（误差分离技术）的角度来研究如何获得被测对象的准确特征，这是进一步进行知识发现的基础. 然后考虑到机械制造过程中，新问题层出不穷，需要不断创造新知识. 为此，对数据挖掘算法（关联规则）进行了深入的探索，设计了一系列新的算法. 接着在知识管理的思想指导下，提出了基于知识的、推动知识创新的机械制造设备状态在线监测系统的设计方法，并应用于风机轴承远程状态在线监测系统的设计上.

本论文的总体框架如图 1.1 所示. 本论文共分七章：

第一章：分析课题的研究背景，指出机械制造过程中开展知识管理的需求. 经过国内外研究现状的分析，指出企业要想不断推进机械制造过程，仅靠知识库的建立和知识共享是不够的，必须要不断地创造新知识，从而确立了在机械制造过程中如何开展知识管理，尤其是实现知识创新、推进知识创新为论文的研究重点. 阐述了本论文的主要研究内容、预期的研究成果、研究方法和论文的总体框架.

第二章：建立了机械制造过程中的知识管理的框架模型. 分析了

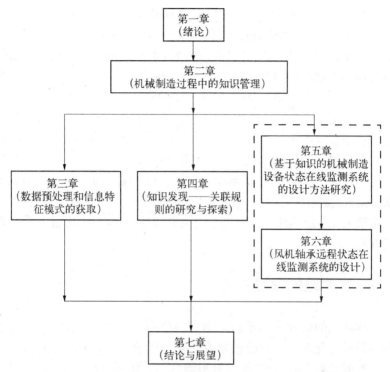

图1.1 论文总体框架图

知识管理与机械制造过程中现常使用 ERP、PDM、SPC、状态在线监测技术的融合. 知识管理中的知识创新与知识共享密不可分. 提出了融合知识共享和知识创新的松紧综合知识管理模型. 为了促进知识管理开展的需要，设计了所需的环境模型（A-Dynasites），并引入了知识进化发展模型（SER Model）来促进环境的不断发展和完善.

第三章：数据是开展知识发现和创新的基础. 针对机械制造过程中所遇数据的特点，研究如何利用数据预处理技术（滤波技术）和数据融合技术（误差分离技术）来从模糊的、随机的、含噪声的测量数据中还原出原先不知道具体特征的被测对象的特征模式，并通过轧辊辊型测试仪研究的实例，对研究成果进行了验证.

第四章：根据机械制造过程中常有研究属性之间复杂的相互关系的需求，通过关联规则的研究，探索如何从大量的数据中发现潜在的有用知识. 根据机械制造过程的需要，不但指出了现有经典算法的不足，而且在综合利用约束、闭集理论、概念格、推理技术等理论的基础上提出了一系列新的算法，并通过试验验证.

第五章：建立了一种基于知识的、能够推动知识创新的机械制造设备状态在线监测系统的设计方法. 整个方法包括知识准备阶段、知识处理阶段、方案拟定阶段、评价与验证阶段.

第六章：遵循所提出的推动知识创新的、基于知识的机械制造设备状态在线监测系统的设计方法，设计了风机轴承远程状态在线监测系统.

第七章：总结课题研究的主要成果和创新点，并提出进一步的研究方向.

1.5　本课题的项目支持

本课题的研究来源于国家自然科学基金项目"一种新的制造过程多目标优化理论与方法的研究"（项目编号：50375090），上海市宝山钢铁股份有限公司的"轧辊辊型测试仪的研制"项目，上钢三厂"厚板车间风机轴承远程状态在线监测系统的研究"项目.

1.6　本章小结

本章分析了课题的研究背景，指出了在机械制造过程中开展知识管理的需求，阐明了知识管理的概念. 知识管理包括知识共享和知识创新两个核心部分，仅仅靠知识库的建立和现有知识的共享是不够的，从而确立了如何在机械制造过程中开展知识管理尤其是实现知识创新、推进知识创新为本论文的主题. 最后介绍了本论文的主要研究内容、研究方法和论文的章节安排.

第二章 机械制造过程中的知识管理

2.1 机械制造过程中的知识管理

机械制造过程中所需要解决的问题具有未知性、复杂性、动态性的特点,因此不但需要共享现有知识,而且需要在此基础上不断创造新的知识来满足实际需要. 在综合分析机械制造过程对知识管理的需求以及知识管理概念的基础上,作者认为机械制造过程中知识管理的基础和目标可以用图 2.1 来描述.

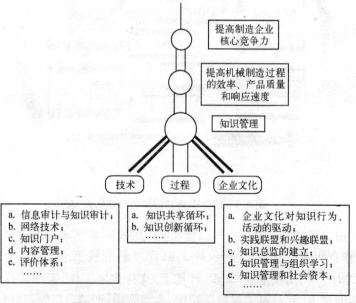

图 2.1 机械制造过程中知识管理的目标

究其本质,知识管理是由三个部分所组成的：技术、过程和企业
文化.其中,如何通过企业文化的改进如激励机制、提高相互信任的
程度、建立学习性的组织等等来促进知识管理的开展已经成为管理
学科热门的研究课题.假定制造企业已经有了与知识管理相适应的
管理文化,那么如何通过知识管理过程即知识共享循环和知识创新
循环来充分利用、综合各项新兴技术来实现对知识的管理就成了制
造企业开展知识管理的核心问题.

欧洲知识管理论坛(EKMF)[53]在综合了知识管理在欧洲的实际
开展情况后建立了图 2.2 所示的知识管理框架.该框架从宏观的角度
分析了开展知识管理所需的主要模块.

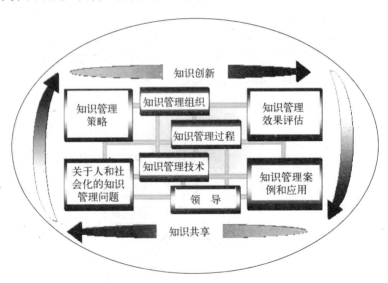

图 2.2　EKMF 建立的知识管理框架

根据机械制造过程中知识管理实施的实际需要,以 PDM 系统为
例,作者构建了图 2.3 所示的知识管理系统模型.产品数据管理
(PDM)[71~75]是在企业 CIMS 环境下,支持协同工作、实现并行工程
的使能技术.它是对工程数据管理、文档管理、产品信息管理、技术数

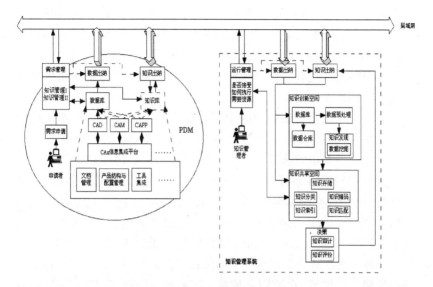

图 2.3 融合知识管理的 PDM 系统

据管理、技术信息管理、图像管理及其他产品定义信息管理技术的一种概括和扩展. PDM 的作用就是要把制造企业产品设计制造过程中各个信息孤岛中的数据(电子化的工程图纸文件、设计文档、工艺文件、NC 代码等)组织起来,集中管理,维护其完整性、安全性、可靠性,并在此基础上,实现产品生命周期内数据的统一管理. 可以说,在数据电子化、资源分散化、环境网络化的新技术条件下,没有 PDM 技术就会有造成制造企业数据混乱的危险.

PDM 在突出产品数据管理的基础上,正逐步完善其作为制造业领域集成框架的功能,为 CIMS 应用的实施提供更强有力的自动化环境. 以 PDM 为基础,制造企业常建立 CAx 信息集成平台(CAD,CAPP,CAM)来进行产品技术开发.

然而,PDM 对于数据中隐含存在的知识缺乏相应的发现和处理手段,使技术人员常常处于数据海洋之中. 要由数据海洋变为数据彩虹,无疑需要添加知识管理的功能. 譬如,在 CAD、CAPP 和 CAM 的

实施过程中,会产生和发现大量的有用知识,例如设计方法、模型等,
这些知识在后续的设计开发、产品的使用维护中能起到借鉴和指导
的作用. 能否发现新知识并把这些知识保存到知识共享空间中,能否
通过知识匹配对现有知识加以充分利用[76~78]对于制造企业机械制造
过程来说都是非常重要的.

为了实现融合知识管理的 PDM 系统,不但需要在 PDM 系统内
添加模块,还需要设计与之相联系的知识管理系统. 为此,作者设计
了一种两级的知识管理系统:知识管理系统 I 是内驻知识管理子系
统,它存在于 PDM 系统内;知识管理系统 II 是主知识管理系统,它独
立存在于 PDM 系统之外. 内驻知识管理子系统需要在 PDM 系统中
添加下列模块:1) 需求管理模块. 它的主要任务包括:用来接收知识
申请者提出的知识需求、判断所要采用的知识管理服务的级别、向主
知识管理系统提出申请以及接收主知识管理系统的反馈信息;2) 数
据出纳和知识出纳. 它被用来控制 PDM 与知识管理之间数据、知识
的传递和交流. 内驻知识管理子系统包含了数据库和知识库,知识库
中的知识主要来自 CAD、CAM 和 CAPP 等系统. 主知识管理管理系
统除了也有相应的数据出纳和知识出纳之外,还包含了以下模块:
1) 运行管理模块. 它被用来判断是否接受申请,具体的执行方式以及
需要使用哪些资源;2) 知识创新空间. 实现把数据保存入数据库,并
建立相应的数据仓库和数据集市. 通过数据预处理,知识发现(统计
技术、软计算、人工智能和数据挖掘等)来从数据中发现潜在的有用
知识;3) 知识共享空间. 通过知识分类、知识编码、知识索引后保存
所发现的知识,并通过知识匹配来促进知识的共享;4) 知识决策模
块. 包括知识审计和知识评价,用来对知识的重要程度进行分析和
评估.

在所提出的模型中,PDM 系统与知识管理系统之间的联系是借
助数据流的形式通过局域网来实现的. 在产品的设计开发过程中,当
设计人员有知识需求时,他就会向 PDM 中的需求管理模块提出需求
申请. 需求管理模块产生需求编号,并通过申请者的特征(级别和权

限)和具体要求(知识的范围、内容描述)来判断所要选择的知识管理系统. 当需求管理判定开放内驻的知识管理子系统后,根据权限,申请者就可以获得存在于 PDM 的数据库和知识库中与需求相关的数据和知识. 如果需求管理判断内驻的知识管理子系统无法满足需要,或者设计人员通过内驻知识管理子系统得不到所需要的知识时,需求管理模块就会通过局域网,向主知识管理系统发出申请. 主知识管理系统的运行管理模块是由知识管理者所设计的. 在收到申请后,它会首先判断是否接受申请. 如果发现申请者权限不够或者知识领域涉及机密,就会返回拒绝申请的信息. 如果接受申请,会立即返回接受申请的信息,并判断是开展知识创新还是知识共享. 开展知识共享时,根据具体需求中所描述的知识范围和内容与知识共享空间中现存的知识进行匹配,找到与需求最匹配的知识. 如果运行管理模块认为需要开展知识创新,那么既要控制开启 PDM 系统中的数据出纳和知识出纳,从而获得实施创新所需要的相应数据和知识,还需要打开主知识管理系统中的数据出纳和知识出纳,使之进入知识创新空间,经过数据库和数据仓库的建立、数据预处理和知识发现来从数据中发现潜在的有用知识. 对所发现的新知识通过分类、编码、索引等步骤,最终把其保存到知识共享空间中. 主知识管理系统中的任何一条知识在输出之前,都需要经过一个知识审计和评价的过程. 根据保密程度的不同,知识可以被分为基础级、高级和机密级. 这时需要重新审视知识需求者的权限,判断哪些知识可以被输出. 能输出的这部分知识会被贴上相应的需求编号的标签,通过知识出纳流出,经过局域网传递到 PDM 系统的知识库中. 值得注意的是,与知识共享不同,开展知识创新可能需要很长的时间,因此,当运行管理判定开展知识创新时,需要通知 PDM 中的需求管理模块整个知识创新过程可能需要很长的时间,这时知识需求者就可以先开展其他的设计活动. 只要有需求编号,他就可以在后续访问 PDM 系统的知识库时,发现由主知识管理系统返回的、所需要的知识.

2.2 知识管理与机械制造过程中现有技术的融合

目前,在机械制造过程中,除了 PDM 之外,企业还常采用 ERP、SPC 和状态在线监测等方法来提高生产效率、改进质量和提高市场响应速度.从本质上分析,这些模块中都有着与知识管理相关的内容,都有着开展知识管理的需求,知识管理的引入无疑对这些技术方法进行了拓展.

1) 融合知识管理的 ERP 系统

企业资源计划(ERP)[63~65]是在 MRP Ⅱ 基础上,以企业的供需链管理为主线,以现代的信息技术为依托,融合了 JIT、QCM、EDI、SE 等先进的管理思想和方法,支持企业各个不同层次的运作,对企业的整体资源进行计划、组织、指挥、协调、控制,使企业的物流、信息流、资金流构成畅通、及时、透明的动态反馈系统,达到将企业经营中的供、产、销、人、财、物、信息等企业要素管理的一体化和跨区域同步化,大大提高了制造企业的生产制造柔性、反应的敏捷性、业务流程的集成性和组织结构的扁平化,从而显著地提高管理效率水平,提高生产率,降低成本,提高产品质量和服务质量,增强企业的竞争力.

全球有众多制造型企业采用了 ERP 系统,但是获得成功的不足 20%.究其原因,一则因为企业各部门之间的协作和交流能力不够.二则,虽然利用高效率的计算机和网络实现了数据和信息的共享,但企业在千变万化的社会环境和生产条件下并不是一成不变、墨守成规的运行着,这就需要知识来做出决策.这些知识包括经验性的成果和所创造的新知识.但是一般的 ERP 系统缺乏对知识共享的足够重视,从而出现了知识缺口[66~70],而对知识创新进行支持的能力就更差了.尤其是 ERP 系统中的 SCM 和 CRM 模块,由于在供应链和客户关系管理的海量数据中存在着大量的有用知识,这些知识对于企业的策略至关重要.因此,如何从中发现知识、共享知识就显得尤为重要.因此,有必要把知识管理融入现有的 ERP 系统中去,不但在原有的 ERP 中加强知识库的建设,而且通过数据流与知识管理系统相联系,不断进行知识创新,以推动 ERP 系统的实施和开展.

仿照图 2.3,可以构建图 2.4 所示的融合知识管理的 ERP 系统.通过内驻知识管理子系统可以共享 ERP 中质量管理、设备管理、决策支持等等中的现有知识.而通过主知识管理系统则不但可以共享到知识空间中的知识,而且通过统计技术和数据挖掘发现 SCM、CRM 等数据源中潜在的有用知识.

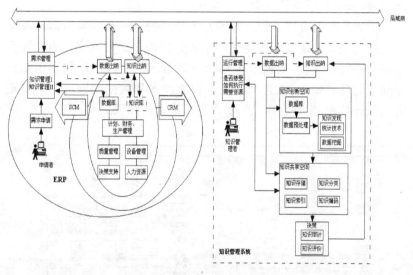

图 2.4 融合知识管理的 ERP 系统

2) 融合知识管理的 SPC 系统

统计过程控制(SPC)[79~83]是一种借助数理统计方法的过程控制工具.在制造企业中,通常可以采用 SPC 技术对产品质量数据进行统计分析,从而区分出生产制造过程中的正常波动和异常波动,以便对过程的异常及时提出预警,提醒技术人员采取措施消除异常,恢复过程的稳定性,从而提高制造过程的效率.

  SPC 的操作过程需要通过确定被测量、数据采集、描绘控制图、过程分析和持续改进这五个步骤. 其中被测量的特性确定和过程分析需要大量知识的支持. 此外,对于日益复杂化的机械制造过程来说,仅仅靠统计技术在解决高维非线性的问题时会遇到困难. 因此,对于 SPC 系统不但需要补充工具方法如人工智能技术和数据挖掘技术,而且需要补充知识源使得整个过程能够不断推进. 而由 SPC 分析所得到的知识也有被保存的价值,通过共享以便于将来遇到类似问题时能够借鉴. 通过融入知识管理,SPC 从方法的角度来看变得越来越完善,从而在质量控制中发挥越来越大的作用.

  图 2.5 是融合知识管理的 SPC 系统. 现有的、在 SPC 开展过程中所获得的关于确定被测量特性和过程分析的知识可以通过内驻知识管理子系统共享到. 而通过主知识管理系统则不但可以共享到知识空间中的现有知识,而且利用人工智能技术和数据挖掘可以丰富现有的统计技术,发现在所采集的数据里隐含的知识.

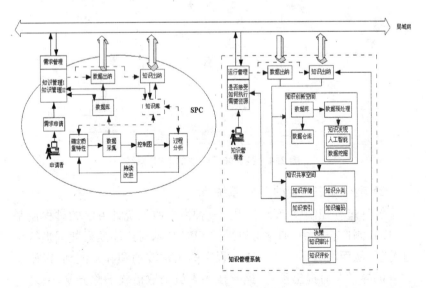

图 2.5 融合知识管理的 SPC 系统

3）融合知识管理的状态在线监测系统

在机械制造过程中,状态在线监测是一项高度知识密集型的工作,所面临的新问题往往层出不穷. 它的开展不但需要采集大量的数据,整理来自经验中的大量现有知识,还需要从现有的数据中通过挖掘发现新的知识. 这时所采用的知识发现方法包括统计技术、软计算技术、数据挖掘技术等等. 过去,在状态在线监测的研究大都着重于某种故障模式的分析,知识库的建立和知识库中知识的匹配和提取. 而随着机械制造过程的越来越复杂,状态在线监测中不断出现以前从来没有遇到过的新问题,这就使得仅仅靠现有知识已经不能满足实际的需要,知识创新从而变得越来越重要. 知识管理的融入,通过知识共享和知识创新的协调发展,无疑将会推动状态在线监测的发展.

图 2.6 是融合知识管理的状态在线监测系统. 毫无疑问,状态在线监测是一个高度数据化和知识化的工作. 当常见的问题需要解决

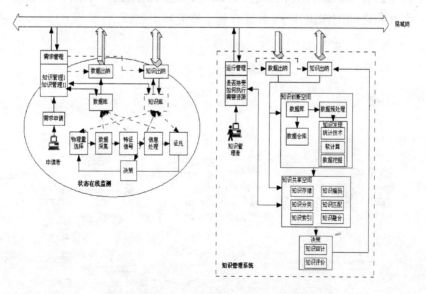

图 2.6 融合知识管理的状态在线监测系统

时,通过内驻知识管理子系统就可以共享到所需要的知识. 而当面对
不断出现的新问题时,通过主知识管理系统则不但可以共享到知识
空间中的现有知识,而且利用统计技术、软计算技术和数据挖掘技术
就能发现隐藏在监测数据背后的知识,从而通过提高状态在线监测
的效率来促进机械制造过程的开展.

综上所述,通过分析比较可以发现,在机械制造过程中,无论是
PDM、ERP、SPC 还是状态在线监测系统都有开展知识管理的需求.
毫无疑问,在这些现有的系统上添加知识管理模块之后都会大大加
强原有系统的效率.

这些系统所需要的知识管理模块具有很强的相似性. 制造企业
中的知识管理工作可以根据企业现状和实际需要逐步展开. 图 2.7 是
融入知识管理的机械制造过程的系统框架模型. 这个框架模型既可
以是综合性的,也可以是单独的只包含某一个系统. 由于机械制造过
程中的各个系统具有相关性,所以所建立的框架模型不但有利于它
们互相之间的知识共享,而且有利于推进知识创新.

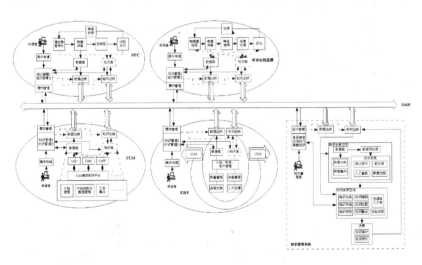

图 2.7　融合知识管理的机械制造过程

2.3　知识创新和知识共享

知识管理中的主要活动究其本质可以被区分为知识创新和知识共享. 对于制造企业中的机械制造过程来说,面临不断涌现的新问题,知识共享是基础,而开展知识创新则是关键,两者相辅相成、密不可分. 除了上述章节所研究的问题之外,作者认为制造企业在机械制造过程中开展知识管理还需要关注：

1) 研究知识共享与知识创新的潜在联系,根据实际需要把两者融合起来；

2) 开发知识管理（知识创新和知识共享）开展所需要的环境模型；

3) 建立模型以推动环境不断进化发展.

2.3.1　松紧综合知识管理模型——融合知识创新和知识共享

目前,通常有以下两种极端化的知识管理模型[84].

1) 常规的、结构化信息处理基础上的知识管理模型（Model 1）

由于大多数主流的知识管理概念都是以计算机的信息处理为中心的,所以现有大多数的知识管理系统都是依赖于常规的设计,即依赖于计算机逻辑的编程和保存在数据仓库里的数据. 这类系统通过对编程逻辑的预先定义和预先描述来实现信息输入和结果信息输出之间的联系,它以一致性、收敛性和顺应性为基础来保证对于组织常规的遵循. 这种基于一致性的关于信息过程和控制的机械化模型不但约束了计算机化的机制,而且把应用范围局限于实现特定的目标和任务,通过最优实践和制度化的过程来实现预先定义的结果. 上述这种知识管理模型受到最优化和最高效率概念的影响,它是在科学化的泰勒制和福特公司在产品组装线上所使用技术的基础上发展起来的. 它的核心就是知识共享和重用.

　　这类知识管理系统的最初形式是在信息系统研究学者的解释下
实现具体化的.这些学者相信是技术输入而不是知识工人对企业的
业绩起到了突出的作用.哈佛商学院的学者曾经这么认为：信息系统
能够保存企业内老员工所拥有的企业的历史、经验和技能.信息系统
自身而不是知识工人能成为组织的稳定结构.企业员工可以有来有
去,但是帮助他们和他们的继任者开展工作的经验、技能和知识必须
集成到系统中去.

　　许多接受这种思想或相似思想的企业和技术高级管理人员开始
试图采用计算机技术,以计算机化的数据库和计算机的编程逻辑来
存储他们的雇员所拥有的知识.最优实践、基准和规则等不但被添加
进了信息数据库而且也融入了企业的策略、奖励系统和资源调配
系统.

　　基于上述这种思想的关于知识管理的代表性定义是由 Gartner
集团在预先定义、预先描述和预先决定的基础上提出的(图 2.8)：知
识管理提出了一个集成的方法来辨识、捕捉、提取、共享和评价一个
企业的信息财富.这些信息财富不但包括数据库、文本、政策和过程,
而且还有保存在个人大脑中的经验和技能.

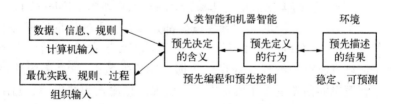

图 2.8　常规的、结构化信息处理基础上的知识管理模型

　　由于该模型的机制以输入为中心并对知识采用的是静态的表示
方式,因此它既没有对这些输入会对企业业绩造成怎么样的影响提
供任何暗示,而且也没有提出如何来解决知识创新以及隐性知识所
具有的、关于情感和特定情景的问题.

　　那些试图通过归档、保存最优实践和所知道的知识来指导将来

决策和行为的组织化的知识管理系统对企业的环境所持的是一种相对可预测的观点.毫无疑问,这类以企业逻辑的预先决定和预先描述为指导、把主要重点放在对现有知识的最优化使用上的知识管理系统的核心是知识共享和重用而不是去创造新的知识.

许多采用上述模型的知识管理实践者和研究者都把信息和知识看成是同样的构造方法所构成的.从这个角度来看,这些构造的产物既可以以计算机化的逻辑规则来表示,也可以以数据输入、数据输出的形式来触发预先决定的行为.虽然不同的人对于同一信息会有不同解释,但这个解释的范围是很有限的,因此也不需要对于同一信息列举出很多含义.大家所希望的是一种同质的信息处理和控制逻辑,因为它是模型按照预先描述进行工作的保证.有些系统中还包含了反馈和前馈循环,这就为通过对输入的调整实现输入到输出的最优转换提供了一个有效机制.

基于上述模型的知识管理系统的目标通常被描述为"在恰当的时间传播恰当的信息和知识给恰当的人".这个模型的前提在于所有所需要的相关知识包括隐性知识都能被存储于计算机化的数据库、软件程序和制度化的规则和实践.以下这些假定条件决定了该模型的显著特征:a.任何人都可以共享和重复使用知识,计算机重复处理相同的逻辑会产生相同的结果;b.通过输入资源的最优利用,使得系统不断产生需要的结果;c.系统最主要的目标是通过寻找最有效的途径实现预先定义的输入到预先描绘的输出之间的转换;d.不需要对信息进行主观解释,必须经过最小化批评和矛盾来实现一致性和顺应性.

这类知识管理模型是基于做正确一件事情(doing the thing right)的,而其中预先描述的输入、过程逻辑和输出代表的则是如何做一件该做的事情(doing the right thing).模型中最重要的本质是认为系统的设计者和知识管理者拥有关于输入输出转化过程和预先描述的最终结果的精确的、完整的知识.

2)非常规的、非机构化的洞识基础上的知识管理模型(Model 2)

在 Model 2 中,由于知识是通过数据、信息、规则、过程、最优实践和其他特征如注意力、动机、责任、创造力和创新之间的交互作用而构造的合成化产物,因此它应该被表示为行动中的智能.把知识表示为行动中的智能而不是像 Model 1 以静态的计算机化来表示知识是一个非常值得关注的问题.把知识表示为活跃的、有效的和动态的,既是从实践角度对知识更深层次理解的结果,而且在超越信息系统管理的基础上与理论上的表示法相联系.知识是活跃的,因为知识是在活动中被理解的,它不是具体理论而是在理论的实践中被发现的;知识是有效的,因为它不但考虑到了人类决策的认知和理性方面而且还考虑到了感情方面的因素;知识是动态的,因为它是以对数据和信息的不断重新解释和感知如何对决策过程进行调整来适应未来需要为基础的.从实践的角度来看,对知识的动态表示法为知识活动中人和社会的交互提供了一个更加合适的构造方法(见图 2.9).

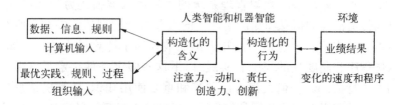

图 2.9 非常规的、非机构化的洞识基础上的知识管理模型

该模型由于考虑到了以下这两个特征:a. 如何来处理数据、信息和最优实践完全依赖于个人对其的主观解释和构造,并在此基础上把输入转化为相应的行动;b. 对于系统的输出需要不断地重新评定,以保证其真正意义上代表了就变化的市场条件、客户需求、竞争环境、企业模型和工业结构而言最佳的企业业绩.由此可见,这是一种与现实相符的表示法.

与 Model 1 静态的表示知识相比,Model 2 把知识表示为动态的,因为在不同的时间、不同的情境下,对于相同的信息输入可能会有不同的解释进而形成不同的含义.通过机械化的信息技术来处理知识,只能用简化的、常规的和结构化的形式(预先定义、预先编程、预先决定产生特定输出所需的数据输入)来表示. 与之相比,人类的洞察过程则与之形成了鲜明的对照. 人类的决策过程受到了个人和组织的注意力、动机、责任、创造力和创新能力的影响.

3) 两种知识管理模型之间的连续统一体

Model 1 适合工作于可预测的、稳定的环境下,它主要的工作重点在于知识的获取、知识的共享和重复使用. 在适当的外部控制下,这个模型适合于知识工人去完成那些预先定义结果的目标和任务. 而当企业对知识工人创造力和创新能力的需要超越了对于输入输出转换过程中预先逻辑的控制时,这个模型可能就不合适了. 特别是当知识工人的注意力和行为受到他们主观的动机和个人化目标的影响时,使用这个模型开展知识管理就更容易失败了. 最理想的情景就是能完美地结合内部动机和外部动机、组织目标和个人目标,这正是大多数的组织化的知识管理者所面临的主要问题.

Model 1 和 Model 2 都是极端化的知识管理模型,大多数的组织需要根据他们到底是以知识共享为重点还是知识创新为重点来决定如何把这两个模型更好的结合起来. 当然,组织内和组织间的价值网络上包含了大量的企业过程,其中的一部分以知识共享为重点,另一部分以知识创新为重点. 这可以被看作为在许多组织里两种不同企业经济模式的共存,既有基于大规模处理的工业经济,又有以重构为特征的知识经济.

Model 1 对应的是工业经济时代的大规模生产,Model 2 则与以重构为特征的知识经济时代相关. 对于组织目标,一致性的基于最优理论的程序化使得整个企业的效率被稳定了下来. 然而信息本身所具有的不稳定性对于重新评价和更新融入在企业逻辑和过程中是非常重要的. 即使是在企业逻辑和相关的假设有很明显矛盾的情况下,企业也需要灵活的使用这两种模型. 例如,对于大多数拥有制度化的最优实践库的组织来说,如何使得实践领域能通过对于批评、自适应和替代情况的开放性来保证避免陷入死循环(同一件事越做越多、越做越好,但利润收益却下降了)是一个非常棘手的问题. 不断不连续变化的环境使得组织需要对于不同的意见和解释有一个创造性的综合. 虽然企业通常把不同重心的企业活动用 Model 1 和 Model 2 来表示,但在实际应用中,作者认为这两个模型应该被企业根据实际需要,高效的综合起来. 表 2.1 是模型 1 和模型 2 之间的分析比较.

表 2.1 知识管理模型 1 和知识管理模型 2 的比较

	知识管理模型 1	知识管理模型 2
企业和技术策略	预先定义输出	重构所有
本质核心	知识共享和重用	知识创造
组织控制	控制使满足一致性	自控制以实现创造力
信息共享文化	以契约为基础	以信任为基础
知识表示	静态、预先描述	动态、构造的
组织结构	孤立的、由上至下	包含的、自组织
管理命令和控制	以实现一致性	以实现义务
经济回报	在稳定的环境下,回报上升	在变化的环境下,回报上升

4)融合知识创新和知识共享——松紧知识管理模型的建立

在分析、研究、比较了以上两种极端化的知识管理模型之后,根据机械制造过程的实际需要,本文提出了图 2.10 所描述的、基于平衡和融合思想的松紧(Loose-Tight)综合知识管理模型. 这个知识管理系统是松型的,因为它不但允许对现有知识的前提条件和假设进行不断重复探讨和研究,而且可以对信息进行重新解释,开展知识创新. 这个知识管理系统又是紧型的,因为它通过对现有知识的传播和分发即知识共享和重用来保证企业的效率. 这种松紧型的知识管理系统不但需要完成辨识和共享现有知识,而且需要对这些知识不断进行重新审视,不断去试图创造新知识. 此外,还需要留意在企业环境不断变化的前提下,现有知识的实际应用情况. 这个综合知识管理模型包含了学习和不学习两个过程. 这两个同时开展的过程既可以

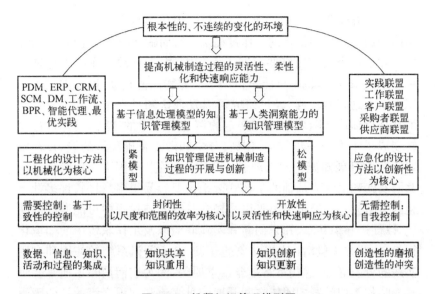

图 2.10 松紧知识管理模型图

保证基于目前所拥有的最优实践条件下的效率最优,而且通过对这些最优实践的重新检验以保证其的实际有效性.

所设计的松紧知识管理模型充分考虑了机械制造过程中现有信息和知识的模糊性、不一致性、多角度性和非永久性,遵循了半混乱的知识系统原则,既促进先前经验的共享使用、新知识的创新和发现问题,也保证了对于现有经验的使用不会阻碍企业对新的、不连续的未来的适应性.

2.3.2 开展知识管理活动所需的环境——分布式的知识网络

2.3.2.1 分布式的知识网络

Internet 技术的最大贡献在于它不但能促进信息的访问而且能促进信息的互惠即全世界范围内社会化的信息交流. 因此,知识管理方法也应该超越单纯的信息访问. 在开展知识管理的过程中,需要关注入员在知识化行为中的重要作用. 知识化的行为是指人们能够在实践中通过实现知识化的工作过程来对所面临问题做出正确的决策.

知识由个人所拥有并存在于大脑中, 由于日常工作既不可能由单一个人来开展, 也不可能不借助于外界物品的帮助, 因此促进了知识在个人之间的转移. 经过研究可以发现认知过程是由基于分布式的社会化环境伴随着物品和特定的情境所产生的. 学得的知识进而转变成了个人进一步行动、创新、分享和做出正确决策的能力. 在实践联盟中开展知识化的活动通常是很方便的[85], 因为相比没有任何共同实践和语言为基础的工作联盟来说要容易得多. 目前, 许多社会化的策略方法已经被提出来以减轻在具体实施过程中可能遇到的问题, 以促进知识共享、知识创新和实践联盟以及工作联盟中的知识化行为. 这些方法包括: 边界对象的开发、电子通讯系统的使用和有用实践的分发等等. 这些策略是非常重要的, 因为它们消除了通常会阻碍面临相类似问题的团体之间开展信息交流和知识交流的社会障碍以及技术障碍.

由于考虑到知识使用所处社会环境的复杂性, 因此去了解基于知识的利益共享者在完成工作中所面临的社会、技术条件的各个方面是非常重要的. 这时需要建立一个框架来研究这些条件出现的整个过程, 它包含了一个由员工、制品和信息知识所组成的分布式的、和谐结合的网络[85]. 这个框架依赖于分布式认知、社会化网络和信息生态这三个概念, 并需要以人的主观能动性、在实践中为完成特定工作所扮演的角色为研究重点. 以此为出发点, 知识产生于基于员工和制品的分布式网络间的协同工作之中, 以帮助利益共享者实现共同的目标. 因此, 知识不再是被保存或拥有, 在恰当条件的促进下, 它应该是流动的、分布的、活跃的.

(1) 分布式认知

这个框架的概念基础是由活跃的、认知的行动开展者所制定的、关于知识的一个分布式和协同式的定义. 这需要一个概念透镜来分析和理解人类行为的复杂性、分布性和社会历史性本质. 以概念化的框架形式出现,用来理解人类主观能动性,具有分布式特性和文化特性的分布式认知无疑是实现这一目标的一个重要方法和途径.能动性在传统上被认为是个人的一种特性,并存在于文化、历史和组织的真空里.直到最近,研究人员例如 Hutchins 才采用了新的方法,即以社会化分布式认知来研究人的主观能动性.这其中的一个主要问题就是一个团队是如何通过协同工作来高效、安全地开展复杂工作.

协同工作就隐含着对知识的一个动态、分布式的定义,也就是以集体化、合作化的方式来认知如何开展行动.对于一个复杂任务来说,还需要特定的任务分工、规范共享和共同的主观意识.在这些情形下,集体化的成就就不可能是某些个人的贡献或者是这些个人的贡献之和,而是需要把集体视为一个整体,由其中个人、制品和环境的相互作用所决定.分布式认知是一个用来研究人主观能动性的分布式特性的、高效的概念框架,更重要的是知识不再只是单独的存在于人的大脑中,而是以特定社会环境下社会技术化的制品为媒介,在社会实践中被不断创造和共享.

这个框架的进步之处在于拓展了对于认知和人的主观能动性的分析,从只简单的集中于个人大脑中的认知过程转变为一个关于认知的系统化观点.另一个重要贡献在于重新把文化、情境和历史加入到了关于认知的研究中来.所有的人类活动都存在于一个社会历史化的情境中,它不但依赖于局部文化和实践的创造,而且是各个参与者所拥有的历史和经验共同创造的结果.

(2)社会化网络

社会化网络为理解联盟的复杂动态以及人是如何通过由社会化地域结构到人与人之间关系结构的转变来实现互相支持提供了有效途径.社会化网络为理解个人是如何创造、共享知识和经验提供了一个分析工具.它在这些单元中的知识流动以及个人完成任务的过程中起到了重要的作用.人与人之间的关系纽带(强或者弱)有助于联盟的组织,影响力、信息和创新的传播,社会的凝聚力和情感上与技术上的支持.

弱联系通常与信息的创造密切联系,它既不常发生又不是一种互惠的形式. 它对于社会网络内或社会网络之间新想法、知识、信息和资源的创造具有重要的意义. 它通常是拥有机会主义色彩的、被动的、零星的和以团队为基础的. 依靠弱联系实现的有效、相关交换高度依赖于个体的质量,而且这种联系是通过简单的、被动的和低社会指示能力的媒介所实现的. 通过促进不同网络中成员之间的交流,它丰富了关于某一特定问题的不同种类的信息和观点,为创新提供了契机.

与弱联系相比,强联系指的是包含情感上支持、自我表露和亲密关系的一种互惠关系. 它是主观的、自发的,依靠人与人之间经常性的联系、依赖于具有很强传播社会化指示能力的媒介. 它提供的是一种社会化的支持,并促进了人与人之间信任感、亲密感和同情感的创造,这将有利于联盟内社会资本的建立.

此外,建立社会化网络中所遇到的问题还与现有的工作实践、共享文化、激励制度和与工作环境对计算机技术的熟悉和接受程度密切相关.

(3) 信息生态

在具有认知分布的社会化网络中,要想实现共同的目标就必须把人类行为和谐的融合起来. 要想实现这种和谐的融合就必须通过在实践工作中学习并且通过学习成为团队中一名活跃的,可依赖的成员. 信息生态所关注的是为知识化工作者开展实践工作创造环境的各个单元之间的关系特征. 它的主要研究重点不是这些单元的合成,而是它们之间的协作关系. 生态可以被认为是一种认知结构(员工互相作用、互相影响的方式,因此使得信息、知识在组织内部或组织之间的流动)或一种社会技术系统. 当生态被用来表示异质单元之间的相互作用时,需要警惕由于环境的不平衡所造成的生态毁灭. 生态意味着以进化为核心,并且需要不断培养这些单元之间的相互关系. 然而,这种成长不但需要时间,还需要通过这些单元自身的努力为它们之间的协作创造一个良好的社会技术环境.

作为一个社会技术系统,信息生态的含义不能通过对它各个单元的单独研究来完全理解,而是需要通过这些单元之间的关系,把技术集成到环境中所产生的复杂性以及系统实际使用来理解. 信息生态强调了那些工作实践和每天的生活受到技术和行动高度影响的员工,以及那些拥有组织生态系统正常工作所需要的技能、经验和激励的员工能否参与的重要性.

2.3.2.2 A-Dynasites 模型

为了支持分布式的知识网络,需要建立一个新的模型来描述被用来保存信息和知识的知识库以及设计者和使用者之间的关系. 图 2.11 中是两个常用的、描述知识库创造和使用的模型[86]. 模型 a 需要一个厚的、优质的输入过滤器来选择重要的、可靠的知识或选择一些高质量的知识生产者,以至于获得相对于小的一个知识库来保存一些重要的信息,但为此也失去了一些潜在的、有用的知识. 模型 a 是一个支持知识消费者的模型,他们大都是被动的从知识库中选择他们所需要的内容. 这种模型适合于静态的知识库以及变化非常慢的领域. 对于那些需要社会创造力的、不断进化的领域来说,它显然是不适应的.

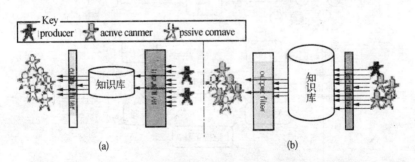

图 2.11　知识库创造和使用的描述模型

模型 b 描述的是一个知识库的合作化构建方式. 它由一个很薄的输入过滤器,它不但运用重要的知识产生者,也允许活跃的、有能力也愿意贡献知识的消费者把知识输入到知识库中,因此而得到的是一个大的知识库. 这个模型需要一个大的、厚的输出过滤器来提供所遇问题的详细信息和个人使用者的背景知识.

模型 b 中所建立的知识库支持知识共享、知识创新和社会创造力是基于以下原因：

• 知识空间是由使用它的人和联盟所拥有的，而不是 IT 或管理部门；

• 通过允许使用者成为活跃的贡献者来支持复杂系统的合作化和进化设计；

• 是开放的、进化的系统，不但作为知识库而且作为通讯和创新的媒介；

• 知识空间是通过许多员工所作的小贡献进化而成的，而不是依赖于少部分人的很大贡献.

毫无疑问，模型 b 能满足建立分布式知识网络的需求. 在借鉴 Colorado 大学开发的用于支持网络信息库的创建和进化的环境[87, 88, 91, 92]之后，作者提出 A-Dynasites 模型(图 2.12).

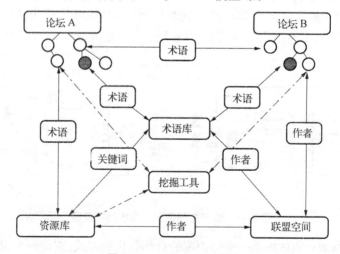

图 2.12　A-Dynasites 模型

A-Dynasites 模型支持：

• 知识空间内个人项目中的知识创造；

- 不同的个人空间通过空间共享来实现知识集成,促进知识共享和创新;
- 通过逻辑上的对相关信息的聚类来实现信息分发;
- 充分利用各种挖掘工具,发现信息和潜在的、隐藏的知识.

如图 2.12 所示,信息空间主要包含五个主要部件:

- 讨论论坛:多线程的讨论论坛,每个论坛都属于不同的联盟.如果权限允许,每个人都可以根据自己的需要建立相应的论坛或进入其他论坛;
- 资源库:经验和知识的共享库,包括知识、论文、会议录和网址等等. 资料库对 A-DynaSites 上的所有具有权限的用户开放相应的资源;
- 联盟空间:保存有每一位 A-Dynasites 用户的个人资料,包括他的照片、兴趣爱好、联系方式以及该位用户愿意共享的其他信息.个人资料的提供不但有助于用户表明自己的身份,而且有助于员工根据共同的兴趣爱好和所需要的帮助类型来寻找合适的合作伙伴;
- 术语表:提供了供 A-Dynasites 上用户共同使用的术语表. 在需要时,用户可以申请对其进行注释或重新定义,系统维护人员会进行审批和实施;
- 挖掘工具:充分利用现有的知识挖掘技术、网络挖掘技术等,发现所需要的信息、知识.

图中有很多用来联系 A-Dynasites 中信息空间的策略和方法,这其中最重要的就是术语链接,它能使得术语表自动的集成分散于整个 A-Dynasites 空间的所有知识. 假设知识管理这个术语已经被术语表所定义,而且在讨论论坛 A 和 B 中都出现. 那么在论坛 A 中的用户将会发现知识管理成为了一个链接. 点击这个链接将会把用户带到术语表中的知识管理条目. 在那里不但有知识管理的定义、A-Dynasites 空间中使用知识管理这个术语的所有用户列表,而且还有一个与论坛 B 中包含知识管理的条目相连的链接. 如果他拥有权限,那么通过这样的链接方式,用户很方便的就能找到与论坛 A 讨论相关的信息,即可能是从另外的角度来看同样的问题. 最后,用户不但可以到论坛 B 中去寻找相关

的知识,而且还找到了一个潜在的合作者. 值得注意的是,图中的挖掘
工具模块能够为用户们自由的发现所要的信息和知识提供技术支持.

利用图中的链接策略就可以构建一个包含了具有丰富信息的知
识网站,通过不断地知识创新和知识共享把人、想法概念和参考资源
紧密的联系了起来. 由于系统需要能自动创新和更新这其中的大多
数链接,因此,所登陆的信息必须严格按照系统的要求,例如术语必
须严格按照术语表的描述方式. 要维护 A-Dynasites 信息空间的质量
和集成能力需要开展大量的工作,而不只是输入信息那么简单. 如果
不小心管理,那么整个空间在一段时间的分散式进化之后就会变得
笨重而又难以使用了.

2.3.2.3　推动环境进化发展的开放式模型——SER 过程模型

采用 A-Dynasites 模型设计开展知识管理所需的环境模型无疑
是一项复杂的任务. 本节中所研究的 SER 过程模型(图 2.13)[89~91]

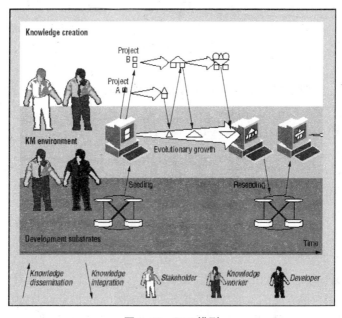

图 2.13　SER 模型

（播种、进化发展、重播种过程模型，SER Model）就是为了帮助管理支持知识管理的环境系统以及理解在持续开发过程中如何来均衡集中化和分散化的进化方法. 作者引入知识进化发展模型的目的就是把在基于开放源码的项目中所获得的成功经验拓展到开展知识管理的领域中来.

在知识管理循环之中的 SER 模型描述了一个如何启动并保持知识管理活动的过程. 它包括三个步骤的进化过程：在播种阶段中创造了知识管理循环的初期条件；循环中的各项过程活动是进化发展阶段的驱动力；而重播种则是一项用来组织和调整知识管理环境的周期性的工作.

（1）播种阶段（Seeding）

在这个阶段中，系统的开发者和使用者一起工作来开发一个最初的知识管理环境的种子. 正如其名称，这粒种子是进一步前进发展的起始点. 环境设计者无需去追求一个不可能实现的完全设计，而只需提供一个不完全设计的种子. 也就是说，设计者没有创造出最终的解决方案而只是提供了一个可供知识工人在使用时进行改变和修正的设计空间.

播种阶段需要系统开发者的参加，因为所设计的产物是一个复杂系统. 另外，使用者的参与也是必需的，因为他们拥有足够的知识去判断哪些内容是应该包含在播种阶段中的，哪些内容是需要进化发展的.

虽然在 SER 模型中最初的种子是不完全设计，但可以发现以企业或联盟现有的知识和工具为基础来设计种子的方法是最有效的. 这样，不但有助于不断创造新的原型，而且也有利于开发者和使用者能够不断地把它们已有的信息和技术加入到这个新模型中去. 因此，播种这个阶段为使用者创造了一个边界对象，使得他们全身心地投入到整个过程中来.

在播种阶段，与社会资本相关的问题是非常重要的，例如：

1）怎样的一个由播种而产生的系统在联盟内成员看来是有价值

的,会引起他们的兴趣?

2) 播种系统中的哪些方面能减少使用和修改这个系统所需付出的努力?

3) 谁必须参加这个播种系统的创造过程?

4) 一个播种系统如何来平衡最初开发者的目标和联盟中最大限度的需求?

(2) 进化发展阶段(Evolutionary Growth)

这是知识管理循环中,以播种阶段产生的环境种子为基础而开展的标准化的操作阶段. 在这个阶段中,信息库同时起到了两个作用: 通过知识分发来指导工作和通过知识创造、集成来不断积累工作过程的成果. 在图 2.14 中用箭头表示这两个作用. 一个知识管理环境将历经许多类型的进化发展过程,这包括:

- 捕捉隐性化知识: 例如 Email 和运作路径等;
- 产生显性化知识: 包括目录化的已完成的工作产品及其基本原理;
- 形式化的不断递增: 通过对知识的表示使其能与知识库中的现存知识产生概念上和计算上的联系. 例如,把项目中所创造的设计原理输入到信息库的结构中去,使其成为某一问题的新的解决办法.
- 使用者的创新和修正: 使得问题的拥有者和具有知识的使用者在工具层和内容层面上延伸整个系统.

本阶段中的一个重要方面就是使用者联盟担负起了改进环境种子的责任. 提供领域知识成为每个人的责任. 但是,要想把知识形式化并且修正系统的功能需要很多重要的知识. 因此,这些任务大多被有专门技术并且愿意积极参与的有能力的使用者所承担.

采用 SER 模型的前提是认为在使用者联盟中出现了自然的设计文化. 由于这种文化所具有的优势,整个的进化发展过程可能会持续很长的一段时间. 然而,正如先前所提到的,这种分散化的进化方法有它的弊端,最终会有损整个知识管理环境的有用性和实用性. 当这种现象出现时,开发者需要重新设计整个知识管理环境.

在进化发展阶段,使用者必须在工作中渐进地改变所设计的系统,因而会产生以下问题:

1) 需要怎样的延伸机制?

2) 拿什么来激励成员们参与?

3) 有没有一个鼓励成员创造知识和共享知识的合作化过程?

4) 参与者有没有获得提高个人地位和对所作贡献表示肯定的个人收益或社会奖励?

(3) 重播种阶段(Reseeding)

需要有重播种这样一个阶段是由很多原因造成的.例如经过不断地变化可能会发现种子的一些基本局限性;发现管理和整合一些不断的变化是很难的事情或者现在的一些变化可能会增加将来改变的难度等等.重播种是一个很复杂的过程需要一大群的使用者和系统开发者一起观察现在的系统、综合分析它的状态并且重新概念化.通过这样一个过程将产生一个新的系统来作为新一轮进化的基础.整个进化过程和重播种过程一直在延续直至使用者解决了问题.

根据在 SER 模型的分析研究可以发现阶段性的重播种过程是非常有必要的,虽然不同联盟所需要进行重播种的时间不尽相同.开展重播种有以下两个主要原因:其一,知识管理的环境处于一个变化的世界中,因此它必须不断去适应和改变.开始可能只需要开展一些小范围内的修改,但最终可能需要进行根本性的改变.其二,知识被创造时所处的情境与它被使用时的情境往往不同,因此需要不断地对知识在原有的形式上不断重新构造以使其成为变成一种有用的形式.

实现对一个不断变化系统的知识管理是非常困难的,重播种阶段的目的就是综合这些渐进的变化,并创造一个新的、可供产生新变化的稳定系统.在重播种过程中会发现以下问题:

1) 什么时候应该开展重播种过程?

2) 如果重播种过程需要开展大量的工作,谁来承担?

3) 在重播种过程中,如何结合联盟中成员所作的修正以及如何继续承认个人贡献者的重要性?

2.4 本章小结

建立了机械制造过程中的知识管理框架模型. 分析了知识管理
与机械制造过程中现常使用技术如 ERP、PDM、SPC 和状态在线监测
技术的融合. 针对知识创新和知识共享是知识管理中两个密不可分
的重要环节, 提出了在制造企业在机械制造过程中开展知识管理时,
需要根据实际情况建立松紧综合知识管理模型以实现知识创新和知
识共享的融合; 构建了适应于开展知识管理 (知识创新和知识共享)
的环境模型 A-Dynasites 模型; 引入知识进化模型 (SER Model) 来推
动环境模型的不断进化发展. 这些理论研究为机械制造过程中知识
管理系统的具体实施创造了条件.

第三章　数据预处理和信息特征模式的获取

　　机械制造过程状态的第一手数据往往无法直接反映被测对象的准确信息特征模式. 这是因为：a. 由于是复杂的机械制造过程, 所以对象所处的环境在不断变化, 包括振动源、温度场等等; b. 对象的具体特征或目标往往预先是不知道的; c. 由于受到车间环境、测量仪器和人为因素的影响和干扰, 所测信号中包含了大量随机、模糊和不确定的信息. 为此, 就需要在现有知识的基础上, 通过各种技术手段对采集到的数据进行分析, 发现隐藏在数据背后的、预先不知道的信息、规律, 去伪存真. 随着数据的深层剖析、知识空间的不断完善, 最终使得所关注对象的准确信息特征模式慢慢地变得清晰. 这是后续知识发现、知识创新的基础.

　　在图像处理领域, 已经有学者在研究如何在含有噪声干扰的图像中识别一个物体[93, 94]. 与之相比, 在机械制造过程中, 只能获得模糊、不确定的数据的情况比比皆是, 但由于问题的复杂性, 现有的研究尚很少. 在本章中, 结合轧辊辊型测量仪的研制和轧辊辊型曲线分析处理的研究, 从数据预处理(滤波技术)和数据融合(误差分离技术)这两个方面进行探索研究. 先在分析介绍现有滤波技术的基础上, 提出一种新的、鲁棒性强的快速滤波技术——递归神经网络(GRNN). 然后, 根据机械制造过程中多数据源融合、分析的实际需求, 研究了干扰对误差分离技术的影响, 提出了统计时域两点法.

3.1　数据预处理技术

　　数据预处理的目标就是通过消除干扰的影响, 获得能准确反映对象特征的数据. 目前, 通常采用滤波技术去除粗大干扰和随机干扰, 它往往是数据分析处理进而开展知识创新的第一步, 也是非常关键和重要的一步.

3.1.1　常见的滤波技术

常见的滤波技术有以下三种: 高斯滤波、基于系统辨识的滤波方法、三次光滑样条滤波.

（1）高斯滤波

在 ISO 标准中, 所建议采用的是高斯滤波[95]. 它的整个过程是通过高斯密度函数与被滤波函数之间的卷积完成的. 高斯密度函数形如 $s(x) = \dfrac{1}{\alpha\lambda_c}\exp\left[-\pi\left(\dfrac{x}{\alpha\lambda_c}\right)^2\right]$, 其中 $\alpha = \sqrt{\dfrac{\log 2}{\pi}} = 0.4697$. 式中 x 表示的是到该函数中心的距离, λ_c 是函数的截止波长. 由于采用的是卷积方法, 所以高斯滤波无法对曲线段的最先和最后两个边界的范围 $(m-1)$ 进行滤波, 其中, m 是大于 K_ε 的最小整数, $K_\varepsilon = \dfrac{\alpha\lambda_c}{\Delta x}$ $\sqrt{-\dfrac{1}{\pi}\log(\varepsilon\alpha\lambda_c)}$.

（2）系统辨识用于滤波

这里采用的是多项式拟合的系统辨识方法[96]. 给定一组数据 $\{(x_i, y_i), i = 1, 2, \cdots, N\}$, 如果采用多项式模型对数据进行描述, 且拟合目标是形如 $y(x) = f(a, x) = a_1 x^n + a_2 x^{n-1} + \cdots + a_n x + a_{n+1}$ 的 n 阶多项式, 求取参数 $a_1, a_2, \cdots, a_n, a_{n+1}$ 使 χ^2 达到最小值:

$$\chi^2(a) = \sum_{i=1}^{N}\left(\frac{y_i - f(a, x_i)}{\Delta y_i}\right)^2$$

$$= \sum_{i=1}^{N}\left(\frac{y_i - (a_1 x_i^n + a_2 x_i^{n-1} + \cdots + a_n x_i + a_{n+1})}{\Delta y_i}\right)^2$$

假设 $\Delta y_i = \Delta y$,

当 $a = V/y$，其中 $a = \begin{bmatrix} a_1 \\ a_2 \\ \vdots \\ a_{n+1} \end{bmatrix}$，$V = \begin{bmatrix} x_1^n & \cdots & x_1 & 1 \\ x_2^n & \cdots & x_2 & 1 \\ \vdots & \vdots & \vdots & 1 \\ x_N^n & \cdots & x_N & 1 \end{bmatrix}$，$y = \begin{bmatrix} y_1 \\ y_2 \\ \vdots \\ y_N \end{bmatrix}$ 时,上式达到最小值.

多项式拟合是基于最小二乘法的全局最优,它的结果是一光滑曲线.通常情况下很难选择多项式的次数.当次数过低时,拟合就很粗糙,而当次数过高时,就会过拟合.值得注意的是,矩阵 V 是 Vandermonde 矩阵.当阶数提高时,它的条件数会迅速变大,所以一般多项式拟合的阶数不超过 5 阶.

（3）三次光滑样条滤波

上述的多项式拟合是一种参数化的系统辨识方法,这使得滤波后的结果是一个严格的模型.如果使用非参数模型,那么滤波的结果将是柔性化的.三次样条除了是常用的一种建模方法外,它还具有光滑特性,使得三次样条曲线柔性化.

节点为 $X_i(i = 1, \cdots, n, X_0 = -\infty, X_{n+1} = \infty)$ 的三次样条可以表示为: $f(x) = a_i + b_i x + c_i x^2 + d_i x^3$,其中 $x_i \leqslant x \leqslant x_{i+1}$,并且满足以下约束条件:

$$a_{i-1} + b_{i-1} x_i + c_{i-1} x_i^2 + d_{i-1} x_i^3 = a_i + b_i x_i + c_i x_i^2 + d_i x_i^3$$

$$b_{i-1} + 2c_{i-1} x_i + 3d_{i-1} x_i^2 = b_i + 2c_i x_i + 3d_i x_i^2$$

$$2c_{i-1} + 6d_{i-1} x_i = 2c_i + 6d_i x_i$$

$$c_0 = d_0 = c_n = d_n = 0$$

前三个约束用以保证三次样条函数在节点处的一阶和二阶导数是连续的,最后一个约束条件说明在节点外的三次样条函数是一个线性函数. 同时可以发现, 三次样条的三阶导数不连续: $f'''(x) = d_i$ $(x_i \leqslant x \leqslant x_{i+1})$. 三次样条函数有一个特性, 它使得 $\int (f''(x))^2$ 最小[97]. 这个两阶导数平方的积分可以视为一个反映样条函数光滑程度的补偿因子. 这样就得到了在一定光滑度约束下, 在节点处残差平方和最小的三次样条曲线使得以下值最小:

$$S(p) = p\sum_i \{y_i - f(x_i)\}^2 + (1-p)\int (f''(x))^2.$$

光滑参数 p 控制了残差最小和局部变化最小之间的权衡关系. $p = 1$ 使得残差最小 (插值三次样条), $p = 0$ 使得光滑补偿因子最小 (线性回归). 以上使得 $S(p)$ 最小的曲线被称为三次光滑样条. 由于它是基于三次样条, 所以对干扰的滤波具有鲁棒性.

3.1.2 神经网路鲁棒滤波——递归神经网络 (GRNN)

以上这三种常见的滤波技术有着各自的优点和不足之处.

高斯滤波是 ISO 推荐的、较理想的滤波方法, 但其缺点有二: 一为左右边界有部分点不能滤波, 二为滤波不是鲁棒的, 会造成局部重要信息的丢失.

多项式拟合是基于最小二乘法的极限拟合, 所得结果是一条光滑的曲线. 它的优点在于拟合的计算速度很快, 缺点在于在拟合之前必须先要设定多项式的次数. 并且随着次数的增加, Vandermonde 矩阵条件数迅速增大, 矩阵运算会出现非奇异的情况. 众所周知, 测量数据分析中有一个局部高点的问题. 用多项式曲线拟合所得的曲线由于是基于全局上的极限拟合, 所以局部高点会被平滑损失掉了.

三次光滑样条 (CSS) 用于滤波具有鲁棒性. CSS 是基于三次样条的, 它是一段段三次多项式拼接的过程, 它寻求的是节点残差和光滑系数 $\int (f''(x))^2$ 的平衡. 它之所以具有鲁棒性, 是由于曲线上的尖峰被某一或某几个三次多项式拟合. 它的不足之处在于本质上它属于参数化的建模方法.

根据机械制造过程中数据的复杂性、模糊性和动态性以及不能丢失局部重要信息的需求,所采用的滤波技术需要具有以下特点:

1）速度快、效率高;

2）基于非参数化的建模方法而设计的;

3）具有强鲁棒性,能反映出局部高点,不能丢失局部重要信息.

经过研究分析发现,RBF 神经网络的变形形式、高效快速的递归神经网络（GRNN）[98]能够满足以上要求,可以被用来进行滤波.

递归神经网络是先经过 Parzen 窗估计对采样样本进行处理,然后在此基础上进行概率密度函数估计所得到的. 它利用了相互独立且矢量化的随机变量 X 与相互相关且标量化的随机变量 Y 之间的概率模型. 假设 x, y 是变量 X 和 Y 的采样值,$f(X, Y)$ 代表连续的联合概率密度函数. 如果 $f(X, Y)$ 已知,那么基于 x 的 Y 的期望值（递归值）可以表示为：$E[Y \mid x] = \dfrac{\displaystyle\int_{-\infty}^{\infty} Y \times f(x, Y)\mathrm{d}Y}{\displaystyle\int_{-\infty}^{\infty} f(x, Y)\mathrm{d}Y}$. 假设潜在的密度是连续的,且函数在任意的 x 点处的一阶偏导数很小,那么概率估计：

$$\hat{f}(x, y) = \frac{1}{(2\pi)^{(D+1)/2}\sigma^{D+1}} \times$$

$$\frac{1}{p}\sum_{i=1}^{p}\left[\exp\left(-\frac{(x-x_i)^T(x-x_i)}{2\sigma^2}\right) \times\right.$$

$$\left.\exp\left(-\frac{(y-y_i)^2}{2\sigma^2}\right)\right]$$

其中 x_i 和 y_i 代表样本的值,x 代表矢量 x. 这样就可以得到：

$$\hat{y}(x) = E[Y \mid x] = \sum_{i=1}^{n}\left[y_i \times \exp(d_i)\right] / \sum_{i=1}^{n}\exp(d_i)$$

建立三层的神经网络,指定每一个输入的 x_i 为相对应的网络隐层上的高斯核. 对于任意一个 x_i, 隐层上第 p 个单元的输出 $\beta_p = \exp\left[-\dfrac{(x-x_p)^T(x-x_p)}{2\sigma^2}\right]$. σ 是一个光滑参数. 输出层上 $y(x) = \sum_{p=1}^{P}\alpha_p y_p$, $0 \leqslant \alpha_p \leqslant 1$, $\sum_{p=1}^{P}\alpha_p = 1$, 其中 $\alpha_p = \beta_p / \sum_{p=1}^{P}\beta_p$.

递归神经网络通过所给的样本 y_i 值的线性组合来完成插值. 当输入点 x_i 离某一高斯核中心 p 近时, α_p 就大, 那么对应的 y_i 对最后 $y(x)$ 的贡献也就大, 反之就小. 由于递归神经网络可以把连续的点收敛到回归曲面, 并且具有鲁棒性, 所以经常被用于系统建模.

递归神经网络对于数据的滤波实际上采用的是基于插值方法的系统建模, 即在多维空间上寻找一个曲面来拟合采样点. 由于只需一次计算, 无需重复迭代, 所以计算速度非常快. 递归神经网络是基于高斯函数的, 所以不会陷入局部最优点, 得出的是一个全局函数逼近器. 递归神经网络的动态特性表现在以下四个方面: 1) 网络开始时是一个空网络, 随着样本的输入, 网络不断更新. 2) σ 的初始化也是动态设定的, 这使得能在考虑系统现有状态的前提下更新网络. 3) 网络的输出随着样本的加入也是在不断变化的. 4) 可以通过调整 σ 值来调整所建模型的精度. 当 σ 很大时, y 的递归值为采样值 y_i 的均值; 当 σ 接近于零时, y 的递归值趋向于 x_i 所对应的 y_i 值; 当 σ 处于中间大小时, y 的递归值由所有的采样值 y_i 决定, 与 x_i 越近的点所对应的 y_i 值的权重就越大. 递归神经网络建模所得的形状曲线是一条复杂曲线, 与实际相符. 其难点就在于 σ 的选择. 在递归神经网络建模时, 只要局部高点处的数据被采样到, 那么在插值过程中, 它被很好地复现出来了. 这也是用递归神经网络的一大优点.

3.1.3 仿真实验: 滤波方法的比较

下面, 通过仿真试验来说明这几种滤波方法的特点和区别.

假设形状曲线为正弦曲线的正半波:

$z(x) = 0.2\sin(x) + 0.005\mathrm{randn}(1)$, $\mathrm{randn}()$ 为符合正态分布

的随机函数,截至波长 $lc = 4$. 先试验用曲线 $z(x)$ 与加权函数 $s(x)$ 的卷积来进行滤波. 从图 3.1 中可以发现采用高斯滤波时,两端 7 点无法进行滤波.

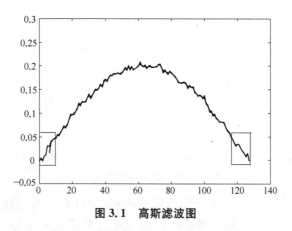

图 3.1　高斯滤波图

用 1.5 阶多项式对 $z(x)$ 进行拟合(图 3.2)得到一条光滑的曲线. 发现 5 阶多项式精度最高,所有点的误差平方和为 0.003 1. 图3.3 是用递归神经网络对同样的 $z(x)$ 建模所得的形状曲线(取 $\sigma = 1$).

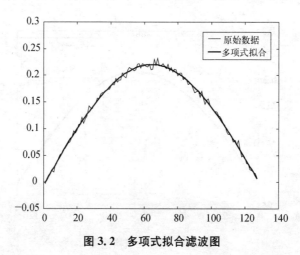

图 3.2　多项式拟合滤波图

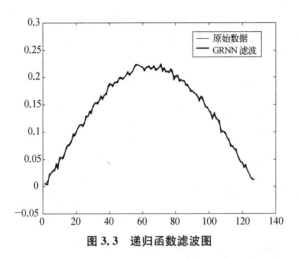

图 3.3　递归函数滤波图

　　由于实际测量曲线大都是复杂曲线,所以有意识的在曲线的中间顶部构造了一个局部高点(图 3.4). 通过局部放大(图 3.5)可以发现,用递归神经网络滤波所得曲线(粗实线)能反映出目标曲线(实线)上的局部高点,而用多项式拟合滤波所得曲线(细实线)滤去了有用信息.

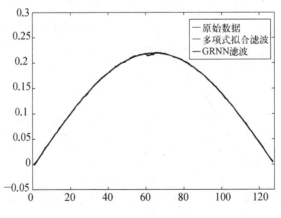

图 3.4　局部高点构造图

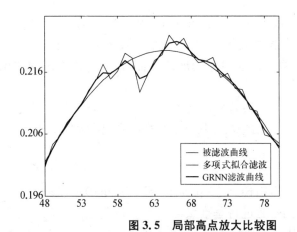

图 3.5 局部高点放大比较图

3.2 数据融合技术

数据融合技术简言之即对来自多个传感器或多源信息进行综合处理,从而得到更为准确、可靠的结论. 更严格的定义即利用计算机技术对按时序获取的若干传感器的观测信息在一定准则下加以自动分析、综合以完成需要的决策和估计任务而进行的信息处理过程.

在机械制造过程中,人们面对大量的数据处理问题,即需要从所得到的实际数据中提取能真正反映客观事物本质的信息,而数据产生和搜集又不可能处在一个简单而与其他无关事物分开的封闭环境中,因此这些实际数据常常不可避免地受到噪声干扰,不再是确定性的数据. 所以不单需要通过数据预处理技术(滤波技术)去除粗大误差和随机误差,还需要通过多个传感器所获得的信息来消除系统误差的影响. 近年来,在工程和科学技术上越来越多地采用多传感器技术. 但是由于多个传感器的互补,信息又会出现冗余性. 通过多传感器融合就是要充分利用多传感器的资源,将多个传感器在时间和空间上的互补或冗余按照某种算法或准则进行综合,来增加判断和估计的精确性、可靠性和在对抗环境下的生存性. 这是多传感器融合技术产生的必然结果,能够满足机械制造过程中的实际需要,因此多传感器融合技术具有广阔的发展前景. 在预处理技术之后,再通过多传感器融合技术能够得到反映对象的准确特征,这就为接下来的知识发现创造了条件.

在数据融合技术中,误差分离技术就是利用了多个传感器的冗余性,通过反复测量,以达到消除具有重复性的系统误差的效果.

3.2.1　误差分离技术

误差分离技术 EST(Error Separation Technique)可以在不提高基准准确度的前提下、通过将基准量的误差和被测量的误差从测量结果中分离出来,从而提高测量精度和测量效率.

20 世纪 80 年代初,日本学者田中、我国学者洪迈生等人首次将误差分离技术应用到直线度、圆度误差测量,该项研究已经成为国内外学者的重要前沿课题[99~102].

误差分离技术 EST 根据测头的个数可分为两点法和三点法,根据数据处理方法的差异可分为时域法和频域法. 所以,通常用来进行测量的方法有时域两点法、频域两点法、时域三点法和频域三点法[103~107]. 这些方法并没有改变传感器的输出中某成分的符号,而是通过多个传感器测量值之间的关系,改变成分的相位. 它们通过对信息源进行变换实现了传感器运动轨迹与被测件被测轨迹之间的解耦[114~120].

除了以上的方法之外,常见的理论和方法还有洪迈生提出的形状误差分离统一理论[108]、一维和多维误差分离技术的统一理论[109]、Satoshi Kiyono 提出的广义两点法[110],李圣怡和谭捷提出了精密逐次三点法[111]以及王宪平和李圣怡提出的三次数据融合的时域直线度误差组合分离方法[112],Gao Wei 提出的混合优化方法[121, 124]等等[122, 123][125~133].

3.2.1.1　误差分离技术的原理

误差分离技术的基本原理就是通过传感器的重复测量消除具有重复性的误差. 在线测试过程中,令 C_1、C_{2a}、C_{2b} 和 C_{3a} 是测量过程中所测得的数据,并可由式子 $C_i = d_i - \varepsilon_r - n_i$ 表示,其中 $i = 1$、$2a$、$2b$、$3a$;d_i 是理论测量值，ε_r 是具有重复性的误差，n_i 是不具有重复性的误差.

假设序列 ε_r 和 n_i 满足相互独立的正态分布，分别以 m_r 和 0 为均值，σ_r 和 σ_n 为方差，即 $\varepsilon_r \sim N(m_r, \sigma_r^2)$，$n_i \sim N(0, \sigma_n^2)$.

当传感器进行第一次测量时，令 $d_1 = d$，则 $\varepsilon_1 = d - c_1 = \varepsilon_r + n_1$.

当传感器进行第二次测量时，令 $d_{2a} = d + \varepsilon_1$，则 ε_{2n} 由 m_r 变为 0，方差由 $E_1 = \sqrt{m_r^2 + \sigma_r^2 + \sigma_n^2}$ 变为 $E_{2a} = \sqrt{2\sigma_n^2}$.

当传感器进行第三次测量时，令 $d_{3a} = d + \varepsilon_1 + \varepsilon_{2a}$，则 $\varepsilon_{3a} = 0$，方差 $E_{3a} = \sqrt{2\sigma_n^2}$.

综上所述，对于相同条件下的三次测量，如果保存下第一次测量的误差，那么在进行第二次测量时，就可以消除重复性误差的影响. 同理，如果保存下第一次、第二次测量时的误差，那么在第三次测量时，也可以消除重复性误差的影响.

由此可见，如果使用多传感器同时测量，具有重复性的误差将被重复测量所消除. 这就是误差分离的基本思想.

不论是圆度、直线度、圆柱度形状误差的测量和分离，还是螺纹导程误差的测量和分离均要求测量数据具有相关性. 由于形状误差信号是位置相关的，因此对形状误差信号的采样不能在时间域进行，而应在空间域进行，这里称之为"分度"，这是形状误差测量和分离技术对采样的最基本的要求. 此外，为保证采样点的重复性，还应具有采样同步点或采样起始点，这里称之为"同步". 分度和同步一起构成形状误差测量中的采样逻辑[113].

由于无论是直线度还是圆度、圆柱度的测量和误差分离具有很强的一致性，结合轧辊辊型测量仪的研制，本文重点讨论直线度的误差分离技术.

3.2.1.2 干扰对误差分离技术的影响

先前关于误差分离技术的研究都是以能够获得准确的测量数据为前提和基础的. 然而在实际测量中，不可避免的会采集到一些随机的干扰信号. 因此，需要分析研究这些干扰信号对误差分离技术的影响.

a. 时域两点法

有随机干扰时：在起始点，可以对两测头调零，使不受随机噪声影响. 设测量架移动，两测头采样时有随机噪声 Δ_1、Δ_2 干扰，则

当 $k = 0$ 时：$S'(1) = V_2(0) - V_1(0) + S(0) = S(1)$，所以 $\Delta S'(1) = 0$.

当 $k = 1$ 时：
$$\begin{aligned} S'(2) &= V_2{}'(1) - V_1{}'(1) + S'(1) \\ &= V_2(1) + \Delta_2(1) - V_1(1) - \\ &\quad \Delta_1(1) + S'(1) \\ &= V_2(1) - V_1(1) + S(1) + \\ &\quad \Delta_2(1) - \Delta_1(1) \\ &= S(2) + \Delta_2(1) - \Delta_1(1), \end{aligned}$$

所以 $\Delta S'(2) = \Delta_2(1) - \Delta_1(1)$.

当 $k = 2$ 时：
$$\begin{aligned} S'(3) &= V_2{}'(2) - V_1{}'(2) + S'(2) \\ &= V_2(2) + \Delta_2(2) - V_1(2) - \\ &\quad \Delta_1(2) + S'(2) \\ &= V_2(2) - V_1(2) + S(2) + \Delta_2(2) - \\ &\quad \Delta_1(2) + \Delta_2(1) - \Delta_1(1) \\ &= S(3) + \Delta_2(2) - \Delta_1(2) + \\ &\quad \Delta_2(1) - \Delta_1(1), \end{aligned}$$

所以 $\Delta S'(3) = \Delta_2(2) - \Delta_1(2) + \Delta_2(1) - \Delta_1(1)$.

……

当 $k = n$ 时：$\Delta S'(n+1) = \Delta_2(n) - \Delta_1(n) + \Delta_2(n-1) - \Delta_1(n-1) + \cdots + \Delta_2(2) - \Delta_1(2) + \Delta_2(1) - \Delta_1(1) = \sum_{n=1}^{n} \Delta_2(n) - \sum_{n=1}^{n} \Delta_1(n)$.

因为：Δ_1、Δ_2 是随机噪声，所以 $\Delta S'(n+1) = n\mu_2 - n\mu_1 = n(\mu_2 - \mu_1)$，其中 μ_1 和 μ_2 分别为随机噪声的均值.

所以,在时域两点法中,随机干扰对最后评定值的影响按统计规则是线性的,可以消除.

b. 时域三点法

取 $m_1 = m_2 = 1$.

有随机干扰时：在起始点,可以对三测头调零,使不受随机噪声影响.设测量架移动,三测头采样时有随机噪声 Δ_1、Δ_2、Δ_3 干扰,则

当 $k=0$ 时:
$$S'(2) = 2S(1) - S(0) + V_1(0) + V_3(0) - 2V_2(0)$$
$$= 2V_2(0) - V_1(0) + V_1(0) + V_3(0) - 2V_2(0)$$
$$= V_3(0) = S(2),所以\Delta S'(2) = 0.$$

当 $k=1$ 时:
$$S'(3) = 2S'(2) - S'(1) + V_1{}'(1) +$$
$$V_3{}'(1) - 2V_2{}'(1)$$
$$= 2S(2) - S(1) + V_1(1) + \Delta_1(1) +$$
$$V_3(1) + \Delta_3(1) - 2[V_2(1) + \Delta_2(1)]$$
$$= 2S(2) - S(1) + V_1(1) + V_3(1) -$$
$$2V_2(1) + \Delta_1(1) + \Delta_3(1) - 2\Delta_2(1)$$
$$= S(3) + \Delta_1(1) + \Delta_3(1) - 2\Delta_2(1),$$

所以 $\Delta S'(3) = \Delta_1(1) + \Delta_3(1) - 2\Delta_2(1)$.

当 $k=2$ 时:
$$S'(4) = 2S'(3) - S'(2) + V_1{}'(2) + V_3{}'(2) - 2V_2{}'(2)$$
$$= 2[S(3) + \Delta_1(1) + \Delta_3(1) - 2\Delta_2(1)] -$$
$$S(2) + V_1(2) + \Delta_1(2) + V_3(2) + \Delta_3(2) -$$
$$2[V_2(2) + \Delta_2(2)]$$
$$= 2S(3) - S(2) + V_1(2) + V_3(2) - 2V_2(2) +$$
$$2[\Delta_1(1) + \Delta_3(1) - 2\Delta_2(1)] +$$
$$\Delta_1(2) + \Delta_3(2) - 2\Delta_2(2)$$
$$= S(4) + 2[\Delta_1(1) + \Delta_3(1) - 2\Delta_2(1)] +$$
$$\Delta_1(2) + \Delta_3(2) - 2\Delta_2(2),$$

所以 $\Delta S'(4) = 2[\Delta_1(1) + \Delta_3(1) - 2\Delta_2(1)] + \Delta_1(2) + \Delta_3(2) - 2\Delta_2(2)\cdots\cdots$

当 $k = n$ 时,

$\Delta S'(n) = 2\{2\{\cdots 2\{2[\Delta_1(1) + \Delta_3(1) - 2\Delta_2(1)] + \Delta_1(2) + \Delta_3(2) - 2\Delta_2(2)\} + \cdots\} + \Delta_1(n-2) + \Delta_3(n-2) - 2\Delta_2(n-2)$

令 $\Delta_1(n) + \Delta_3(n) - 2\Delta_2(n) = X(n)$,

则上式变换为 $\Delta S'(n) = 2\{2\{\cdots 2\{2[X(1)] + X(2)\} + \cdots\} + X - n(2)$. 所以得到

$$\Delta S'(n+2) = 2^{n-1}X(1) + 2^{n-2}X(2) + \cdots + X(n)$$

$$= \sum_{m=1}^{n} 2^{m-1}X(n+1-m).$$

所以,在时域三点法中,随机干扰对最后评定值的影响是非线性并且是累积的,所以无法消除,这必将造成误差分离的结果失真.

c. 频域两点法

有随机干扰时:在起始点,可以对两测头调零,使不受随机噪声影响.设测量架移动,两测头采样时有随机噪声 Δ_1、Δ_2 干扰,则 $V_1(k) = S(k) + R(k) + \Delta_1(k)$, $V_2(k) = S(k+1) + R(k) + \Delta_2(k)$. 把两式相减得 $D(k) = V_1(k) - V_2(k) = S(k) - S(k+m) + \Delta_1(k) - \Delta_2(k)$. 令 $\delta(k) = \Delta_1(k) - \Delta_2(k)$,则 $\mathrm{fft}(D(k) - \delta(k)) = S(n)W(n)$, 其中 $W(n) = 1 - e^{jn\alpha}$, $\alpha = 2\pi \, \mathrm{m/N}$. 值得注意的是:

(1) $\Delta_1(k)$ 和 $\Delta_2(k)$ 为正态分布的随机干扰,所以 $\Delta_1(k) - \Delta_2(k)$ 也是正态分布的. (2) 当 $n = 0$ 时,由于在起始点 $\delta(0) = \Delta_1(0) - \Delta_2(0) = 0$, $W(0) = 0$,当 $n \neq 0$ 时,由于 $\delta(k)$ 的存在,会导致谐波受到一定程度的抑制,从而使得直线度误差曲线失真.

d. 频域三点法

取 $m_1 = m_2 = 1$.

有随机干扰时:在起始点,可以对三测头调零,使不受随机噪声影响.设测量架移动,三测头采样时有随机噪声 Δ_1、Δ_2、Δ_3 干扰,则

$$V_1(k) = S(k) + R(k) + \Delta_1(k),$$

$$V_2(k) = V_2(k) = S(k+1) + R(k) + \Delta l \tan \gamma(k) + \Delta_2(k),$$

$$V_2(k) = S(k+1) + R(k) + 2\Delta l \tan \gamma(k) + \Delta_3,$$

得 $D(k) = V_1(k) - 2V_2(k) + V_3(k) = S(k) - 2S(k+1) + S(k+2) + \Delta_1(k) - 2\Delta_2(k) + \Delta_3(k)$. 令 $\delta(k) = \Delta_1(k) - 2\Delta_2(k) + \Delta_3$, 则 $\mathrm{fft}(D(k) - \delta(k)) = S(n)W(n)$, 其中 $W(n) = 1 - 2e^{jn\alpha} + e^{jn(\alpha+\beta)}$, $\alpha = 2\pi/N$, $\beta = 2\pi/N$. 同样值得注意的是:

(1) $\Delta_1(k)$、$\Delta_2(k)$ 和 $\Delta_3(k)$ 为正态分布的随机干扰, 所以 $\Delta_1(k) - 2\Delta_2(k) + \Delta_3$ 也是正态分布的.

(2) 当 $n = 0$ 时, 由于在起始点 $\delta(0) = \Delta_1(k) - 2\Delta_2(k) + \Delta_3 = 0$, $W(0) = 0$, 当 $n \neq 0$ 时, 由于 $\delta(k)$ 的存在, 会导致谐波受到一定程度的抑制, 从而使得直线度误差曲线失真.

(3) 三点法中的 $W(n)$ 是两点法中的 $W(n)$ 的平方, 所以三点频域法引起的误差要比两点频域法大.

通过对存在有随机干扰的时域两点法、时域三点法和频域两点法、频域三点法的研究, 可以发现时域两点法是比较合理的数据处理方法. 另外, 要想提高直线度评定曲线的精度, 关键在于尽可能消除干扰信号带来的影响, 在实际测量中, 特别是高精度(μ 级精度)的测量, 噪声对测量结果有很大影响, 因此需要采用滤波技术作为数据分析处理的前置处理.

3.2.1.3 统计时域两点法

常用的时域两点法中, 取传感器的采样间隔等于传感器间距. 由于两传感器之间的间距通常较大, 所以当被测对象很短时, 所获得的采样数据就非常少, 所以就很难通过分析得到被测对象的准确形状特征. 另外, 对于比较长的被测对象, 会由于采样的点很少, 只能反映整体上的大致特征而忽略了很多有用的局部信息.

针对上述问题, 学者孙宝寿[134]曾经提出可以通过重复测试(每次的起始点平移 Δx) 得到多次测量下的误差分离结果, 然后综合得出被测对象的实际情况. 然而, 众所周知, 当所采用的采样间距小于传感器间距时,通过一次测量就可以获得大量的数据,我们可以充分利用好这些数据来解决问题.

假设两传感器的间距为 D,采样间隔为 d,被测对象为 L,那么每个传感器采到 $M = \dfrac{L-D}{d} + 1$ 个点. 可以把这一次测量所得的数据拆分为 N 次两点法所获得的结果, $N = M - \text{fix}\left(\dfrac{M \times d}{D}\right) \times \left(\dfrac{D}{d}\right)$, fix() 为 MATLAB 中的向零圆整函数. 这样,通过 N 次误差分离,就可以得到一束曲线,然后对这束曲线进行统计平均从而得到最终曲线. 由于此种方法综合了时域两点法和统计方法,所以称为统计时域两点法. 下面,通过一个 MATLAB 仿真试验证明其的可行性.

假设采样间隔为 2 mm,两传感器间距为 20 mm,共采样 664 个点.

取被测曲线:$H(t) = 0.2\sin((t-1)\text{pi}/663)$;

导轨误差:$h(t) = -2(t-1)/663$;$t = 1:664$;

以图 3.6 中所示两条曲线就是两个传感器分别采集到的数据(忽略干扰). 其中两个传感器的横坐标为 $x_1 = 110:2:1\,416$;$x_2 = 130:2:1\,436$.

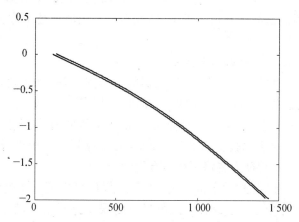

图 3.6　仿真试验中,两传感器模拟所测得的曲线

$$N = 664 - \text{fix}\left(\frac{664 \times 2}{10}\right) \times \left(\frac{10}{2}\right) = 4.$$ 图 3.7 中的四条曲线（实线）就是 4 次误差分离的结果，粗实线是统计平均后所得的结果.

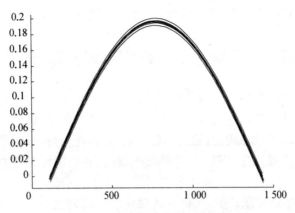

图 3.7　四次误差分离所得曲线

图 3.8 中，把实线根据约束条件——两端为零，经过相应的线性平移和转动，可得到黑线，与原先的 $h(t)$ 完全相符. 由此证明统计时域两点法的可行性.

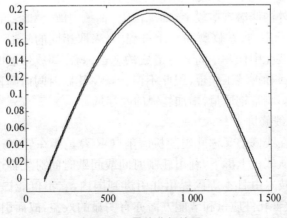

图 3.8　最终分析结果

值得注意的是,在以上仿真试验中,$N = 4$ 而不是直接由传感器间距与采样间距的比值所决定. 这是因为,在测量时,被测对象两端为唯一的分析基准. 也就是说这 N 组曲线中最末一组的最后一点应为被测对象的终点,否则无法进行后续的平移和转动.

3.3 轧辊辊型测量仪的研制和轧辊辊型曲线的分析处理

轧辊是轧钢生产中的关键备件,轧辊不仅消耗量大、费用昂贵,而且其自身条件和配套设施的好坏往往直接影响轧钢机的作业率、轧制产品的产量和质量、辊耗和轧材成本. 因此,提高轧辊寿命,不但是轧钢生产提高生产效率、实现增产节约、降低消耗的有力措施,而且是考核轧钢生产的主要内容[135~137].

大量生产实践证明,轧辊的磨损是导致其失效的主要原因之一. 由于轧辊的磨损破坏了工作辊的初始辊型,恶化了辊面质量,给产品的质量控制带来了很大的困难. 当发现轧辊辊型不良或有表面损伤时,通常采用的方法有:

1) 离线修磨

离线修磨通常是在专业磨床上进行的,常用的 4 种支承方式有:轴承段以外的修磨支撑段上、轴承段上、轴承内圈上和各自特定的轧辊装配轴承座内. 在修磨和轧制过程中,采取相同的轧辊支承方式,能够消除装配中任一中间部件造成的轧辊偏心. 离线修磨时,由于需要频繁更换和拆装工作辊,因此不但会减少轧制时间而降低生产率,而且还会影响带钢质量,增加轧辊的库存量.

2) 在线修磨[138]

轧辊在线修磨又称轧辊随机磨削(ORG)是指在轧制过程中,无需把轧辊从轧机上拆下,利用轧制时间或间歇时间对轧辊进行修磨. 此方法和技术由日本等国提出并引进到国内,它不仅能提高生产效率,且在改善轧件质量和节能方面亦有明显的效益,故而引起钢铁行业的极大关注.

3.3.1 常见轧辊辊型测量仪

由于轧辊磨损变化的时间常数很大,是一个缓慢积累的过程,而它的精度对板凸度设定、板平直度控制、带钢表面质量改善均会产生影响,所以设计测量辊型变化情况的辊型测量仪具有重要的意义.

目前,辊型测量仪的研究在国外主要活跃于日本、德国、美国;在国内,清华大学[139]、燕山大学[140]、华东工业大学[141]等也在研制相应的仪器.常用的辊型测量仪从测量的基本原理角度可分为接触式和非接触式两种[142].

(1)非接触式辊型测量仪

1)声波测距仪式:这种辊型在线检测方式主要是由日本三菱重工业公司开发研制的,系统测量精度可达$\pm 10~\mu m$.它采用沿轧辊轴向排列多个超声波测距仪,通过辊面与超声被换能器之间距离的变化反映辊型的变化,特点是测量间隙大、不受周围光及电磁场的干扰、能适应较恶劣环境、精度高、价格适中;但受声速、水中气泡、水流量等因素干扰大,需进行多种补偿,测试电路复杂.

2)电涡流测距仪式:由德国赫施钢铁公司在开发轧辊芯轴部分段加热辊型调节技术研制的,并且在赫施钢铁公司热带钢连轧机精轧机组上得到应用.其测量原理与超声波式辊型检测仪的原理近似,即沿轧辊轴利用沿轧辊轴向排列的多个涡流测距仪,测量辊面与传感器之间距离的变化,进而得到辊型的变化.该法测量精度高,对恶劣环境有较强的适应性,冷却水、汽等介质的影响小,但受电磁场、环境温度、氧化铁皮的影响大且工作间隙小.

3)激光测距仪式:沿轧辊轴向排列多个光纤传感器,通过检测辊面至传感器的距离来反映辊型.具有不受周围电磁场的干扰、精度高、工作间隙大、受环境温度影响较大,在水汽等介质中不能正常工作等特点,目前实际应用很少.

(2)接触式辊型测量仪

目前,国外只有日本、德国和美国等少数国家生产研制了接触式

的辊型测量仪[143, 144]，它们的工作原理都是基于直径差法，即取轧辊
的直径差作为其素线形状的变化值. 常见的测量机构有手动鞍型测
径器(图 3.9、图 3.10、图 3.13)，上骑式测径器(图 3.11、图 3.12).

 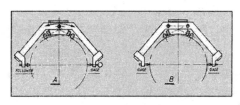

图 3.9　手动鞍型测径器 I　　　　　图 3.10　手动鞍型测径器 II

 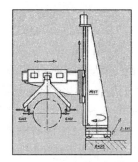

图 3.11　上骑式测径器 I　　　　　图 3.12　上骑式测径器 II

图 3.13　德国 VOLLMER 公司生产的接触式辊型测量仪

对于这类基于绝对测量的接触式测量仪器,在实际使用中有以下问题:

1) 测量仪器结构笨重,往往需要几个工人同时操作;

2) 由于测量仪必须骑在轧辊的上方,所以只能对上工作辊进行测量,而对于下工作辊必须把上轧辊吊开;

3) 价格昂贵.

因此,为了能适应生产现场的需要,准确、实时地获得轧辊辊型的曲线,更好地跟踪轧辊磨损对板材的影响情况,需要设计一种新的轧辊辊型测量仪. 满足以下条件:

a. 测量仪机械本体结构轻巧,操作方便;

b. 在轧辊不吊开的前提下,所设计测量仪既可以测量工作辊也可以测量支撑辊;

c. 价格便宜.

3.3.2 雪橇式轧辊辊型测量仪

由于轧辊的母线本身实际上就是一条精度非常高的导轨,可以充分加以利用. 基于此,本文研究设计了一种基于相对测量的、自导轨式的辊型测量仪,由于其形式如雪橇,故命名为雪橇式辊型测量仪.

在进行测量仪机架设计之前,首先需要确定后续所采用的误差分离方法. 众所周知,实际测量中所能获得的数据包含了大量的干扰信息,由于频域法要经过正反傅立叶变换,所以不但对误差的敏感性要远高于基于迭代运算的时域法,而且非常容易发散. 因此,本文把研究的重点放在时域法上.

除了在 3.2.1.2 节中所研究的随机干扰之外,所设计的测量仪在测量的过程中还会受到以下系统误差的影响:

1. 测头的初始值不为零(传感器初始不对齐);

2. 测头间距误差;

3. 采样步距误差;

4. 机架安装误差.

　　研究分析表明,后 3 种误差不是可以消除就是对最终测量结果的
影响很小,而传感器初始对齐问题则是会对最终结果产生很大影响
的、不能忽略的系统误差. 下面讨论测头的初始值不为零对误差分离
方法的影响.

　　(1) 时域两点法

　　在时域两点法中,两个传感器即使不对齐,也是共线的. 所以,设
测头的初始误差为 Δ,则 $\Delta f(k+1) = (k+1) \times \Delta$. 由于误差值呈线
性增加,所以对直线度误差的最终评定没有任何影响.

　　(2) 时域三点法

　　设三个测头中,V_1 测头的初始误差为零,V_2、V_3 测头的初始误差
为 Δ_2 和 Δ_3.

　　当 $k = 0$ 时:

$$\Delta f(2) = \{(V_3(k) + \Delta_3) - 2(V_2(k) + \Delta_2) + V_1(k) - S(k) + 2[S(k+1) + \Delta_2]\} - S(k+2) = \Delta_3$$

　　当 $k = 1$ 时:

$$\Delta f(3) = \{(V_3(k) + \Delta_3) - 2(V_2(k) + \Delta_2) + V_1(k) - (S(k) + \Delta_2) + 2[S(k+1) + \Delta_3]\} - S(k+2) = 3\Delta_3 - 3\Delta_2$$

　　当 $k = 2$ 时:

$$\Delta f(4) = \{(V_3(k) + \Delta_3) - 2(V_2(k) + \Delta_2) + V_1(k) - (S(k) + \Delta_3) + 2[S(k+1) + 3\Delta_3 - 3\Delta_2]\} - S(k+2) = 6\Delta_3 - 8\Delta_2$$

　　当 $k = 3$ 时:

$$\Delta f(5) = \{(V_3(k) + \Delta_3) - 2(V_2(k) + $$

$$\Delta_2) + V_1(k) - (S(k) + 3\Delta_3 - 3\Delta_2) +$$

$$2[S(k+1) + 6\Delta_3 - 8\Delta_2]\} - S(k +$$

$$2) = 10\Delta_3 - 15\Delta_2$$

假设当 $n = k - 2$ 时, $\Delta f(k) = -(k-2)k\Delta_2 + \sum_{t=0}^{k-2}(t+1)\Delta_3$

当 $n = k - 1$ 时, $\Delta f(k+1) = -(k-1)(k+1)\Delta_2 + \sum_{t=0}^{k-1}(t+1)\Delta_3$

则当 $n = k$ 时:

$$\Delta f(k+2) = \{(V_3(k) + \Delta_3) - 2(V_2(k) + \Delta_2) +$$

$$V_1(k) - (S(k) - (k-2)k\Delta_2 +$$

$$\sum_{t=0}^{k-2}(t+1)\Delta_3) + 2[S(k+1) - (k-$$

$$1)(k+1)\Delta_2 + \sum_{t=0}^{k-1}(t+1)\Delta_3]\} -$$

$$S(k+2) = -(k(k+2)\Delta_2 +$$

$$\sum_{t=0}^{k}(t+1)\Delta_3)$$

所以假设成立.

$$\Delta f(k+2) = -k(k+2)\Delta_2 + \sum_{t=0}^{k}(t+1)\Delta_3$$

$$= -k(k+2)\Delta_2 + \frac{(k+1)(k+2)}{2}\Delta_3$$

当 $\Delta_3 = 2\Delta_2$, $\Delta f(k+2) = (k+2)\Delta_2$. 这时误差影响呈线性,这对直线度误差最终评定无影响.

当 $\Delta_3 \neq 2\Delta_2$, 这时误差影响呈非线性,并随着点数的增多而变大,这将对直线度误差的最终评定产生很大影响.以下将忽略其他误差的影响,通过仿真实验证明以上的结论.

对于时域两点法,假设被测曲线:$H(t) = 0.15\sin((t-1)\text{pi}/127)$;导轨误差:$h(t) = 0.02\sin((t-1)\text{pi}/127)$;其中 $t = 1 : 1 : 128$,单位为 mm;两传感器由于初始不对齐引起的误差为 0.005.经过时域两点法误差分离,得到了图 3.14 中的实线.然后,依照起始点和终止点为零对曲线进行转动,最终得到了图中的粗实线.粗实线与 $H(t)$ 完全吻合,说明,使用时域两点法时,由传感器初始不对齐引起的误差可以被修正,对最终的分析结果没有影响.

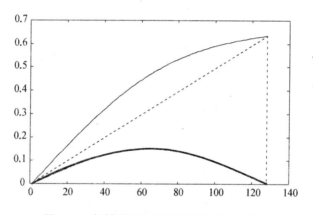

图 3.14 初始对齐误差对时域两点法的影响

对于时域三点法, $H(t) = 0.15\sin((t-1)\text{pi}/127)$;导轨误差:$h(t) = 0.02\sin((t-1)\text{pi}/127)$;$ta(t) = 0.5\tan(0.02\text{randn}(1))$,其中 $t = 1 : 1 : 128$,单位为 mm.当第一个传感器的 $\Delta_1 = 0\,\text{mm}$,第二个传感器的 $\Delta_2 = 0.005\,\text{mm}$,第三个传感器 $\Delta_3 = 0.010\,\text{mm}$,即 $\Delta_3 = 2\Delta_2$ 时,误差呈线性变化,对于误差分离后的曲线(图 3.15 左图,实线)通过转动,可以还原回实际的工件直线度 $H(t)$(粗实线,图 3.15 中右图为放大图).当 $\Delta_3 \neq 2\Delta_2$ 时(图 3.16、图3.17、图 3.18),误差呈

非线性变化,且误差累计越来越大,所以把所得曲线以相同方法转动后,发现曲线已经失真. 图 3.16、图 3.17 和图 3.18 分别是在 Δ_1,Δ_3 不变, $\Delta'_2 = \Delta_2 + \delta_2$,其中 δ_2 分别为 0.000 1 mm, 0.000 01 mm, 0.000 001 mm 的情况下,所得到的最终分析结果(实线为分析结果,粗实线为目标曲线).

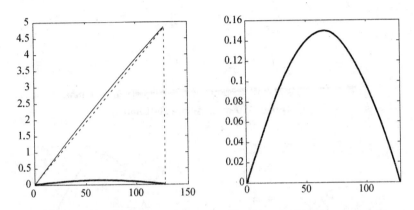

图 3.15　初始对齐误差对时域三点法的影响:当 $\Delta_3 = 2\Delta_2$ 时

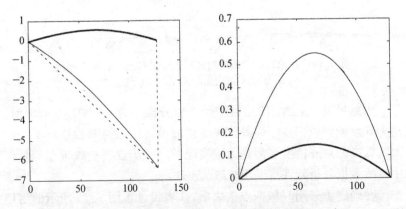

图 3.16　初始对齐误差对时域三点法的影响: $\Delta_1 = 0$ mm, $\Delta_2 = 0.005\ 1$ mm, $\Delta_3 = 0.001$ mm 时

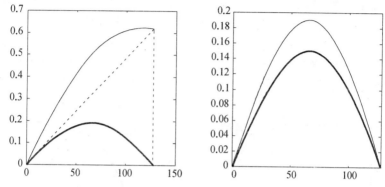

图 3.17 初始对齐误差对时域三点法的影响：$\Delta_1 = 0$ mm, $\Delta_2 = 0.005\ 01$ mm, $\Delta_3 = 0.001$ mm 时

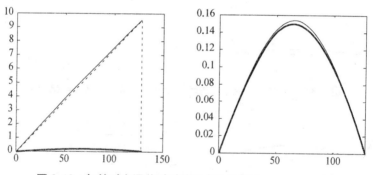

图 3.18 初始对齐误差对时域三点法的影响：$\Delta_1 = 0$ mm, $\Delta_2 = 0.005\ 001$ mm, $\Delta_3 = 0.001$ mm 时

由此可见，当三个传感器初始不对齐误差为 0.000 001 mm 时，由 128 点的时域三点法误差分离所得的最终结果误差为 0.004 mm. 而这么高的对齐精度通常是无法实现的. 所以，在雪橇式辊型测量仪中后续数据分析处理将采用时域两点法.

在确定了采用时域两点法之后，作者设计了图 3.19 所示的雪橇式辊型测量仪. 测量架上装有配以多串口卡的控制器（Seatech PC104 SX - 320[145]），三个位移传感器（光栅），一个编码器（Hengstler，100

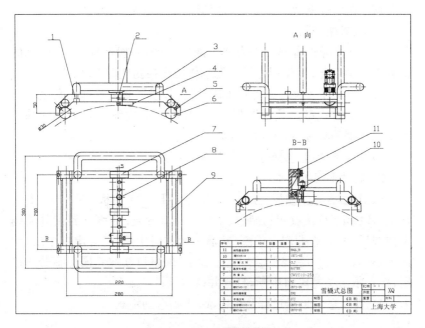

图 3.19　雪橇式辊型测量仪

线).两端两个传感器位于 V 型结构下,所采集数据将被用来进行误差分离,当中传感器的测量数据可以被用来曲线补偿.编码器通过它所连接的滚轮在轧辊表面的纯滚动,来确定测量的位置.在两端的扶手需要设计为无论用多大的外力,力都能直接传递到轧辊上,不对测量架造成形变.对于机械本体的移动方式,设计了滑动导轨结构直接与被测轧辊的两条母线相接触,并以此为基准进行测量.

要保证雪橇式辊型测量仪测试的精度,测试过程中必须有以下条件:

1. 人必须

(1) 两手用力均匀;

(2) 手运动速度均匀,尽量保证滑轨与轧辊表面的 4 点接触;

(3) 测量中尽量保证测量架沿一条素线移动;

（4）在轧辊上擦一层很薄的润滑油以减少摩擦力.

2. 测量架必须

（1）除非操作者非常用力地压测量手柄，一般情况下，传感器的读数都不会变化，即作用力尽可能都作用在被测轧辊上.

（2）当操作者通过移动脚步调整时，传感器测量数据无变化.

在雪橇式辊型测量仪测量过程中，可以通过编码器来实现基于距离的数据采集控制，具体过程如下：

1）在分频板上选择分频，即测量点间距；

2）启动 PC104；

3）编码器与分频板上的输入端相连，PC104 主板 SX‑320 上并口的 18 脚（字符接收）与分频板上的输出端相连. 当编码器到分频确定位置后，并口立即产生中断. 然后关闭并口中断，打开串口中断，利用 SX‑320(1 个)和 6S I/O 板上（2 个）的串口获取光栅传感器的数据，接着依次关掉串口中断，打开并口中断；

4）判断整个采样过程是否完成，否则退到步骤 3.

3.3.3 雪橇式轧辊辊型测量仪测量曲线的分析处理

雪橇式辊型测量仪是以被测轧辊上分居被测素线两侧的两条素线为测量基准的（自导轨），由于轧辊本身的精度很高，因此可以把之视为高精度的导轨. 值得注意的是，即使精度很高，转角误差仍客观存在. 另外，由于是手工拖动，所以在移动测量时可能滑轨与轧辊素线未充分接触，也可能移动经过的不是一条素线，情况相当复杂.

雪橇式轧辊辊型测量仪测量曲线的分析处理基于以下的边界条件：

1. 被测轧辊两端直径相等；

2. 被测轧辊的素线关于中心近似对称.

作者采用两种不同的方法来分析所采集到的辊型曲线数据：

（1）采用统计方法

由于所采用的自导轨的精度很高，因此可以利用两个传感器所得数据的统计分析，再加上中间传感器的补偿来获得实际曲线.

1）采集到的数据；

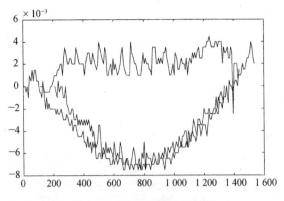

图 3.20　采集到的辊型数据

2）数据预处理；

采用的基于递归神经网络（GRNN）的滤波方法,不会损失局部的重要信息.

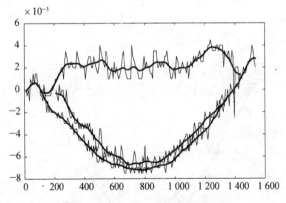

图 3.21　采集到的辊型数据的预处理

3）通过转置来部分消除导轨转角误差的影响（深线为第三个传感器所采集的数据,根据边界条件 a：先平移 Δ 使得终止点为零,然后根据边界条件 b：终止点不动,以起始点平移－Δ/2 进行转动；）

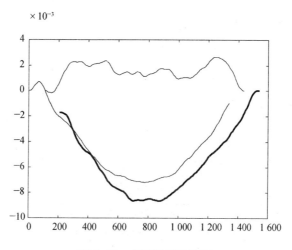

图 3.22　辊型数据的转置

4）统计分析所得结果（由于被测曲线近似于正弦曲线，所以两端近似直线，因此两个传感器测不到的地方可以线性化，统计平均后得到结果）；

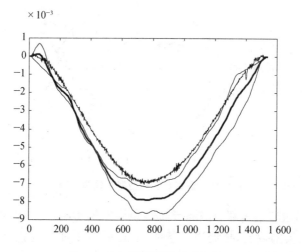

图 3.23　辊型数据统计分析结果

5) 用当中传感器补偿(深粗实线为所得分析结果,浅粗实线为目标线).

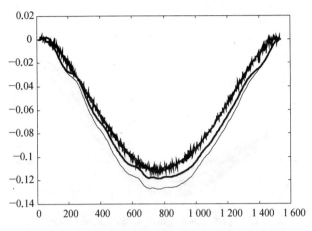

图 3.24 补偿后雪橇式辊型测量仪最终分析结果

通过观察发现,测量结果能够反映出被测轧辊的大致辊型,精度为 10 μm.

(2) 采用误差分离技术——统计时域两点法

众所周知,时域两点法只能消除具有重复性的系统误差. 因此在开始使用统计时域两点法之前,根据边界条件,可以按照上述统计方法中的步骤 2)进行数据预处理,步骤 3)来部分消除导轨转角误差的影响.

在使用雪橇式辊型测量仪时,采样的预设点数一共为 209,控制手的停顿时间为 5~7 次,采样点数 P 为 167 左右. 由于是 8 mm 为采样间隔,测量架两端两个传感器的间距为 200 mm,所以测到的长度为 1.53 m 左右.

当测量点数为 167 时, $N = M - \text{fix}\left(\dfrac{M \times d}{D}\right) \times \left(\dfrac{D}{d}\right) = 167 - \text{fix}\left(\dfrac{167 \times 8}{200}\right) \times \left(\dfrac{200}{8}\right) = 17$, 所以可以进行 17 次时域两点法误差分离.

步骤 a、b、c 同以上的统计方法.

d′. 统计时域两点法误差分离（细实线为 17 次时域两点法的分析结果，粗实线为细实线束的平均值）；

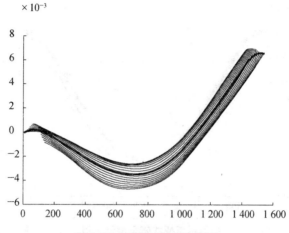

图 3.25　采集到的辊型数据

e′. 统计时域两点法误差分离结果与目标曲线的比较（淡实线为目标曲线，深实线为使用统计时域两点法后根据边界条件 a 进行转动所得结果）．

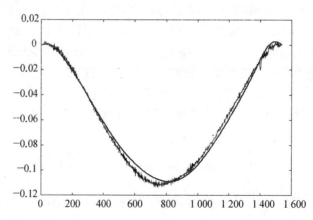

图 3.26　辊型曲线分析结果

由此可见,使用统计时域两点法所得到的分析结果要优于一般统计方法,精度为 5 μm. 究其本质,在于统计时域两点法是多次时域两点法的平均,所以对测量数据中的干扰信号不敏感. 现有分析结果与目标曲线的误差,作者认为是由于以下原因造成的:

1) 基于边界条件 b,经过旋转只部分消除了导轨转角误差;

2) 起始阶段(只有第一个传感器测到的 200 mm 范围内)无法获得准确测量数据所造成的. 在误差分离中作为起始叠代点的这些数据的不够准确,会直接影响到时域两点法的精度,进而影响到最终统计时域两点法的分析结果.

3.4 本章小结

本章研究了在机械制造过程中,当对象的具体特征或目标预先是不知道的,而且由于受到车间环境、测量仪器和人为因素的影响和干扰只能获得包含了大量随机、模糊和不确定信息的数据的情况下,如何实现信息特征模式的获取. 这是后续知识发现和知识创新的基础. 结合轧辊辊型测量仪的研发,在数据预处理(滤波技术)方面提出了优于常用滤波技术的、具有鲁棒性的递归神经网络用于滤波. 对数据融合技术(误差分析技术)的研究分析了在干扰情况下误差分离技术的运用,提出了新算法——统计时域两点法. 所设计的雪橇式辊型测量仪正在申请国家发明专利.

第四章 知识发现——关联规则的研究与探索

知识发现是知识创新的核心.本章中,所关注的就是如何在数据和信息的基础上,发现其中所隐含的有用知识,即知识发现的过程,从而能够指导整个机械制造过程的开展.

4.1 数据挖掘和知识挖掘

目前,随着计算机技术的发展和自动化数据收集工具的应用,大量的数据已经被获取并保存在特定的数据库中.为了充分利用这些数据和信息来帮助人们做出决策,数据挖掘技术就应运而生[146~152].数据挖掘是指从大量数据里提取出隐性的、事先不知道的、但事实上潜在的又是非常有用的知识.数据挖掘这个术语是一种基于源头对象的定义方法,如果从基于目标的定义角度来看,描述为"知识挖掘"可能更为贴切,因此本章以下研究中将沿用知识挖掘这个术语.在知识挖掘中,有许多具体化的方法和模型,如关联规则、分类规则、聚类规则、预测规则等等.早在60、70年代人工智能技术兴起之时,分类规则、聚类规则和预测规则等就引起了广大学者的关注.分类过程是有指导的学习过程,聚类分析是无指导的学习过程,分类和回归是预测规则中最常用的方法.研究发现,数据库中的数据集往往是由不精确的数据组成的,所以通常很难对其进行截然划分,因而无法直接通过示例学习的方法来发现精确的分类规则,进而影响了预测的精度.毫无疑问,对于无指导学习下产生的聚类规则,要实现高精度就更加困难了.学者们进而研究和探索其他可以从数据中发现知识的方法,在90年代初引入了关联规则.关联规则就是发现数据库中数据之间的关联和相互关系. 由于关联规则不但能对知识挖掘中许多技术产生影响如替代传统分类规则和预测规则, 帮助人们开展决策和管理活动, 而且从研究的角度来看还处于初级阶段, 因此它成为众多学者研究的重点.

IBM 实验室的著名学者 Agrawal、Imielinski 和 Swami[153] 在 1992 年率先引入了关联规则的研究. 在那时, 它主要被用于购物篮分析, 即在预先设定的最小支持度和最小置信度的基础之上发现超市购物者所购物品之间的关联性. 整个的挖掘过程可以被分为两个步骤: 首先需要根据预先设定的最小支持度从数据集合中提取出频繁项集, 然后再根据设定的最小置信度来构造相应的关联规则. 显而易见的是, 如果已经获得了频繁项集, 那么后续得出关联规则的步骤将变得十分容易. 因此, 此后研究学者们大都把注意力放在如何提取频繁项集之上.

在过去的十年间, 关联规则挖掘的研究不但在算法效率上得到了发展和进步, 而且还引入了一些新的结构来增强其功能[154]. 如今, 在挖掘关联规则时, 可以实现 1) 从包含有多层关系的数据集合中挖掘出复杂的关联规则; 2) 动态的更新已经提取出的关联规则[155]; 3) 对于所关心的对象, 在挖掘过程中通过添加约束来提高挖掘效率; 4) 利用一些高效的结构来提高挖掘的速度和效率[156]. 当然, 在挖掘过程中还可以使用模糊技术[157, 158]、推理技术和估计技术[159, 160] 来起到辅助推进作用.

在制造企业里, 尤其是机械制造过程中, 由于其的动态性、复杂性, 存在着大量相互影响、相互制约的因素, 它们之间的关系错综复杂. 从这些复杂因素中间发现并充分利用潜在的关联性, 无疑对于支持整个过程的开展和做出决策起到重要的作用.

4.2 常见的关联规则算法

1. Apriori 算法

Apriori 算法[161] 是最常用、最经典的关联规则挖掘算法.

为了方便能从大量的事务数据中发现所需要的关联规则,可以假设数据库是由事务数据集合 T 构成的,它包含有大量的事务形如 $<\mathrm{Tid}, \{A_p, \cdots, A_q\}>$,其中 Tid 为事务的标识符,而 $A_i \in I$ ($i = p, \cdots, q$) 是事务中所包含的项集,I 则是所有数据库中所有项集的集合.

定义一:一个模式 A 既可以只包含一个项集如 A_i,也可以是一组项集的逻辑结合如 $A_i \wedge A_j$,其中 $A_i, \cdots, A_j \in I$. 在数据库 D 中一个模式 A 的支持度 $\sigma(\mathrm{A})$ 就是数据库 D 中包含模式 A 的事务数量与数据库中事务数量总数的比值. 而数据库中模式 A 与模式 B 之间关系规则的置信度 $\varphi(\mathrm{A} \to \mathrm{B})$ 则是 $\sigma(\mathrm{A} \wedge \mathrm{B})$ 与 $\sigma(\mathrm{A})$ 的比值.

定义二:模式 A 包含有 n 个项集就被称为处于第 n 层. 在层次 L 上,如果模式 A 的支持度大于等于预先设定的最小支持度,那么它就是一个频繁项集. 同样在层次 L 上,如果规则 $\mathrm{A} \to \mathrm{B}$ 的置信度大于等于预先设定的最小置信度,那么这就是一条想要挖掘的关联规则.

定义三:如果规则 $\mathrm{A} \to \mathrm{B}$ 是一条所需的关联规则,那么它需要满足以下条件:1) 模式 A 和模式 B 中的每个项集及其父项集在相应的层上都是频繁的;2) 模式 A 与模式 B 的逻辑结合是一个频繁项集,并且规则 $\mathrm{A} \to \mathrm{B}$ 具有足够高的置信度.

在整个挖掘的过程中,算法目标就是发现满足预设阈值的关联规则. 以上的定义描述的就是一个过滤筛选的过程,即只需要考虑那些在相应层次上具有频繁性的项集所能构成的超集,这就是著名的"反单调特性",又被称为向下闭合性或 Apriori 技巧. 下面列出的经典的 Apriori 算法就是充分的利用这条性质来实现对搜索空间的精简.

Apriori Algorithm:

$L_1 = \{\text{large 1-itemset}\}$;

for $(k=2; L_{k-1} \neq \phi; k++)$ do begin

$C_k = \text{apriori-gen}(L_{k-1})$;

```
forall transactions t ∈ D do begin
    Ct = subset(Ck, t);
    forall candidate c ∈ Ct do
        c. count++;
    end
    Lk = {c ∈ Ck | c. count ≥ minimum support}
end
Answer = ⋃k Lk;
```

虽然 Apriori 算法充分利用了"反单调特性",但是其还有以下不足之处:

(1) 需要扫描数据库多次,由于数据库通常很大,因此需要大量的时间;

(2) 需要产生很多候选频繁项集,这其中有许多都是无用的,最终将要被去除的;

(3) 最终产生的频繁项集集合中包含了大量的频繁项集,给后续分析处理造成了困难;

(4) 整个的挖掘过程是一个黑箱.一旦开始运行算法,使用者将要等上很长的时间才能修改算法中的参数,如具体的数据集合、最小支持度和最小置信度等等;

(5) 和所有挖掘频繁项集的算法一样,和后续的规则生成阶段相分离.

针对问题(1),作者提出一种能够尽可能少扫描数据库的松紧约束法来挖掘频繁项集.针对问题(2),作者提出可以把约束融入频繁项集的挖掘算法中去,来减小所产生的候选频繁项集的规模.针对问题(3),作者提出使用频繁闭项集挖掘算法来代替常用的频繁项集挖掘算法,从而以最小的子集集合来反映整个频繁项集集合.针对问题(5),作者提出通过频繁闭项集格来直接、高效地挖掘关联规则.

2. 多层关联规则的挖掘

在现实中,许多关联规则的挖掘都需要应用于发现存在于多抽象层之间的内在关系. 例如在某研究中发现, 情况 A 和情况 B 同时发生的概率大约有 75%. 通过进一步深入挖掘, 又发现 A 的子类 A1 与 B 的子类 B3 同时发生的概率为 60%. 由此可见, 后者通过在相比前者低层次上的研究获得了更加特定化和具体化的知识. 因此, 多层关联规则算法[162]的研究成了一个研究热点.

在这些研究中, 最简单且最常用的一种方法就是采用经典的 Apriori 算法, 可是由于预设的阈值是固定的, 因此会遇到很多棘手的问题. 如果把阈值设得过高, 那么在发现位于高抽象层上规则的同时会遗失掉位于低抽象层上许多有用的信息, 同样, 如果把阈值设得过低, 那么就会产生大量的、在将来会被删除的无用规则, 这就浪费了大量的时间和精力. 为了解决这些问题, 一种可行的方法就是以 Apriori 算法为基础, 在不同的抽象层上设立不同的阈值.

然而, 值得注意的是, 由于 Apriori 算法的"反单调性", 在不同的抽象层上设立不同的阈值后, 可能会遗失掉那些父项集在相应的抽象层上是非频繁的, 但其本身在相应的抽象层上是频繁的项集. 为了解决上述这种信息丢失问题, 作者提出以采用所有抽象层上最低的支持度阈值为整体的支持度阈值, 这样虽然需要增加一部分存储空间, 但是既不会增加整个算法的挖掘时间, 更不会遗失任何有用的频繁项集.

3. 基于约束的关联规则挖掘

从使用者与系统相交互的角度来看, 传统的、关联规则的整个挖掘过程可以归纳如下: 首先, 使用者先要明确数据库中哪些数据是开展挖掘活动的对象; 其次, 使用者设置支持度和置信度的阈值. 系统随即就开始执行某种关联规则挖掘算法. 众所周知, 如果所面对是一个高度密集化的数据库, 那么系统将会产生大量的关联规则, 而要从中筛选出所需要的规则无疑是一件既复杂又费事的工作. 对于这样一个关联规则的挖掘框架, 可以发现存在以下问题:

(1) 使用者缺乏探索和对系统的控制: 使用者只在挖掘过程之前被允许在数据库中选择相应的数据并设定相应的最小支持度和最

小置信度. 在整个挖掘过程中, 使用者没有可以介入的地方. 那么当使用者想要把注意力放置于数据库中特定的部分, 或者发现预先设置的阈值有误需要修改时就没有任何办法;

(2) 缺乏关注的对象: 使用者可能在概念上、想法中明白哪些是挖掘活动的核心和重点. 还有可能他只是想关注于那些能满足特定条件的数据集合. 但在使用传统算法进行关联规则挖掘时, 他们发现很难实施;

(3) 关系的严格定义: 除了支持度和置信度以外, 还有其他很多有用的评估参数. 有一些研究学者已经发现从统计学的角度来分析, 置信度没有任何意义, 并主张用相关度来取代它.

为了能够解决以上问题, 一些学者就引入了基于约束的关联规则挖掘[163~169]. 常用的约束可以分为以下五类:

1) 知识类型约束: 描述了所要挖掘的知识的类型;

2) 数据约束: 描述了数据库中哪些数据与挖掘工作有关;

3) 维/层约束: 描述了数据库中被挖掘数据所处的维度或抽象层;

4) 规则约束: 描述了具体的与所挖掘的规则相关的具体约束;

5) 兴趣度约束: 描述了从统计角度来看哪些评估度量值是有意义的.

从具体特征的角度来看, 约束可以被分为以下四大类:

1) 反单调性约束: 如果一个项集不满足预先设定的阈值, 那么它的超集也肯定不满足;

2) 单调性约束: 如果一个项集满足预先设定的阈值, 那么它的超集也肯定满足;

3) 简洁性约束: 如果能够列出并且仅仅列出所有满足该约束的集合;

4) 可转变的约束(Tough 型约束): 有些约束不属于以上的任何一类, 但是在辅之以一定的预处理手段之后, 就可以转化为以上三类中的一种.

使用了约束条件之后,就不但可以构建以人为中心的知识发现过程,而且可以关注于所关心的数据集合并挖掘出所需要的规则.有学者研究了单调性约束、反单调性约束和简洁性约束与常见频繁项集挖掘算法的结合问题.而关于 Tough 型约束,由于其的复杂性,现有的研究很少.值得注意的是,在机械制造过程数据分析处理中,Tough 型约束如 avg()和 sum()被广泛使用.因此,作者提出了Tough 型约束下频繁项集的挖掘.

4. 采用特殊的结构来挖掘关联规则

精典的算法如 Apriori 所采用的都是先产生后测试的方法(generation-and-test approach).这也就是说,需要先产生各个候选频繁项集,然后再根据预先设定的阈值对其进行评估.如果所挖掘的数据库十分大时,那么就会产生大量的候选项集,这无疑会浪费大量的时间和精力.在此同时,还需要扫描数据库很多次.这都是由于传统的方法采用的是以树形为基础的先考虑宽度的战略方法来筛减搜索空间所造成的.因此,试想如果能够采用另外一种结构,在避免频繁的搜索数据库的基础上也能产生候选的频繁项集,那么无疑就能大大地提高整个挖掘过程的效率.许多学者已经提出了多种新的紧凑结构[170~174],其中最有名、最有用的就是 Han 提出的频繁模式树(FP-tree).对于紧凑的数据结构的需求是基于以下的观察和思考:

(1)扫描数据库的次数越多,则算法的效率也就越低;

(2)如果能用一个紧凑的结构来记录每一个交易事务中的所有频繁项集集合,那么就能避免不断地扫描数据库了;

(3)两个相同的频繁项集可以合并为一个,而各自所出现的次数需要相加.在一个固定的顺序排列下,很容易就能判断两个项集是否相同;

(4)如果频繁项集根据各个出现的频率按降序排列,那么就为出现前缀字符串共享最大化创造了条件.

频繁模式树的优点可以归纳如下:

(1)一个大型的数据库被压缩成了一个高度压缩和精简的数据

结构,这就避免了重复的、费时费力的数据库扫描;

(2)采用了模式分段增长方法,从而避免了由产生大量的候选频繁项集所带来的浪费;

(3)采用以分割为基础的,各个击破的方法来把挖掘任务分解为一系列小的任务,从而实现了数据库中特定模式的挖掘,这大大减少了系统的搜索空间.

虽然还有大量的结构能被用来提高挖掘的效率例如TreeProjection,但实践证明 FP-tree 相比之下是最有效的. 目前,FP-tree 的研究主要在于单一抽象层上树型的建立. 作者提出 FP-tree 同样可以被用来挖掘多层关联规则,并且由于其是一种从底到顶的算法,因此不会造成信息的丢失.

4.3　关联规则在制造企业里的应用

目前,由于人们越来越认识到关联规则的重要性,所以几乎所有的知识挖掘工具都包含有关联规则的模块. 对于制造企业来说,关联规则可以被广泛地应用于企业市场分析、客户资源管理(CRM)、分类和预测分析等诸多领域.

1. 市场分析[175]

在市场里,制造企业拥有大量关于消费者的信息. 企业对客户了解得越多,那么所能得到的收益也就会越大. 最常见的关联规则的应用事例就是购物篮分析,即如果企业决策者知道哪些产品可以同时(搭配)销售时,那么销售业绩无疑会迅速上升.

2. 客户资源管理(CRM)[175]

除了最基本的购物篮分析,制造企业中的管理人员还需要知道关于消费者的一些具体特征. 客户资源管理可以被分为四个步骤:1) 客户群落的划分;2) 交叉销售机会的辨识;3) 以用特定的市场模型支持交叉销售的活动为目标;4) 应用磨损模型来提高对客户群体的保持力. 在上述的第二步中,在对消费者完成聚类并且已经确定了需要进行比较的类别之后,就可以采用关联规则来发现是哪些特征造成了客户之间的不同分类. 这无疑在为企业提高交叉销售机会而作出决策时会有很大帮助. 通过关联规则的运用,就会发现问题潜在的实质.

3. 分类[176~178]

面对制造企业里的复杂数据和信息集合,研究人员通常采用诸如决策树的方法来实现分类过程. 然而,在实际应用中,人们通常面临着以下两个问题. 其一,由于数据的模糊性,无法作出准确的划分;其二,在对一个新事例进行分类的过程中,通常很难辨识出最有效的规则. 其三,由训练数据集合通常会产生大量的规则集. 为了解决以上问题,学者们把关联规则算法延伸到了分类规则的领域. 这种新的,通常被称为多层的分类关联规则具有以下两个优点:1)它能够同时考虑多个变量之间的复杂关系;2)它能根据一组规则来决定新示例的具体类别. 实践证明这种方法是非常有效的.

4. 预测[179, 180]

在制造企业里,特别是在机械制造状态在线监测的活动中,可能会发现当监测量 A 和 B 的上升时,监测量 C 也会上升. 然而,人们似乎对下列这样的规则更感兴趣,即当监测量 A 和 B 上升时,则监测量 C 在时间 t 内上升的概率为 $p\%$. 前者被称为事务内部的关联,而后者则被称为事务外部的关联. 经过研究可以发现,关联规则不但可以用来发现在同一事务中不同项目之间的关联性,而且可以被用来发现不同事务中不同项目之间的关联性. 充分地利用事务外部的关联,无疑可以帮助技术人员预测未来.

4.4 机械制造过程中应用关联规则的一个实例

在机械制造过程中,无论是产品的加工、装配还是设备状态在线监测等等都可以抽象为一个多输入多输出的黑箱系统. 这个黑箱系统通常具有非线性、动态性、模糊性和不确定性等特点. 为了能够提

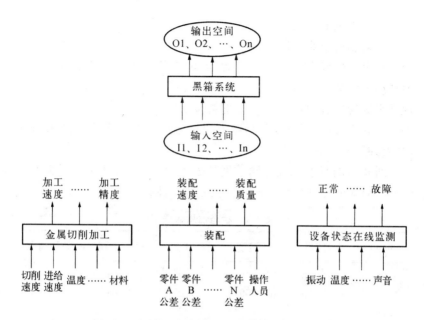

图 4.1 机械制造过程中的多输入多输出系统图

高制造过程的效率、质量和响应市场的能力等等,就必须对这个黑箱系统进行分析研究. 现有的研究方法主要包括数学模型的建立和软计算方法的应用两大类. 数学建模方法的缺点在于,对于一个复杂的非线性问题,要建立一个数学模型是一项非常困难的事情. 此外,所建立的数学模型能否就能精确地表示该系统的特征也是一个问题. 因为一个数学模型往往是建立在多个简化和假设的条件下的,这样必定导致所建的数学模型与实际系统相差很大. 而对于软计算方法,需要通过模糊技术对数据进行处理,神经网络来模拟黑箱系统、遗传算法来优化神经网络的搜索,再辅之以专家系统,从而实现最终的决策. 整个系统的建立过程十分复杂. 经过分析研究,作者认为在机械制造过程中,输入空间中的变量与输出空间的变量有着千丝万缕的关联. 这种关联性对于整个系统的控制和提供正确的决策支持,从而提高制造过程性能具有重要意义. 因此,作者提出在机械制造过程中开展关联规则的研究.

在某制造企业,机械制造过程中有某一重要设备经常发生故障.通过在重要部件上安装压力传感器、温度传感器来获得相应其压力值和温度值的变化情况,并记录相应的故障模式. 作者试图利用关联规则来发现现有数据中所存在的温度、压力变化与所发生故障之间的内在联系,以及温度变化与压力变化之间的内在联系,以为将来的故障诊断和预测提供支持.

所获得的状态在线监测数据见表 4. 1[181],根据不同的故障可以绘制出对应的温度变化和压力变化曲线图(图 4. 2).

表 4.1 状态信息数据库

时间	能量	温度	压力	正常运行时间	故障情况
0	1 059	259	0	404	0
1	1 059	259	0	404	0
......					
51	1 059	259	0	404	0
52	1 059	259	0	404	0
53	1 007	259	0	404	303
54	998	259	0	404	303
......					
89	839	259	0	404	303
90	834	259	0	404	303
0	965	251	0	209	0
1	965	251	0	209	0
......					
51	965	251	0	209	0
52	965	251	0	209	0
53	938	251	0	209	101
54	936	251	0	209	101
......					
208	644	251	0	209	101
209	640	251	0	209	101

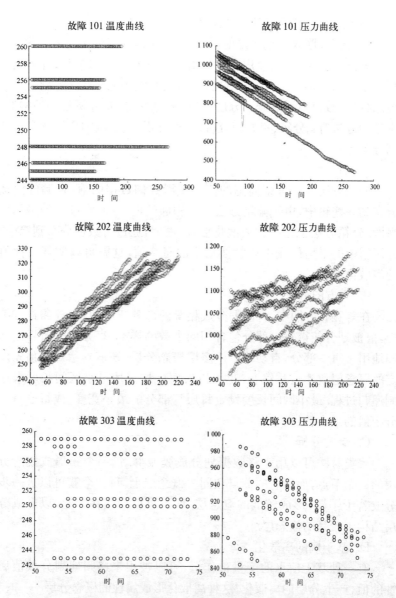

图 4.2　故障对应的温度曲线、压力曲线图

1) 时间域上连续变量的离散化

在进行关联规则挖掘之前,首先需要对连续变量实现离散化.

离散化技术[149]可以用来减少给定连续属性值的个数. 许多离散化技术都可以递归使用,以便提供属性值的分层或多分解划分——概念分层. 数值属性的概念分层可以根据数据分布分析自动地构造,常见的方法有:分箱、直方图分析、聚类分析、基于熵的离散化和自然划分等等.

A. 分箱

分箱方法通过考察周围的值来平滑存储数据的值. 存储的值被分布到一些箱中,由于分箱方法参考相邻的值,因此它进行的是局部平滑. 分箱方法也是一种离散化形式. 例如,通过将数据分布到箱中,并用箱中的平均值或中值替换箱中的每个值,这就可以实现属性值的离散化.

B. 直方图分析

在等宽直方图中,将值划分成相等的部分或区间. 在等深直方图中,值被划分使得每一部分包含相同个数的样本. 直方图分析算法递归地用于每一部分,自动地产生多层概念分层,知道到达一个预先设定的概念层数才过程终止. 也可以对每一层采用最小区间长度来控制递归过程. 最小区间长度设定每层每部分的最小宽度,或每层每部分中值的最小数目.

C. 聚类分析

聚类算法可以用来将数据划分成簇或群. 每一个簇形成概念分层的一个节点,而所有的节点在同一概念层上. 每一个簇可以进一步分成若干子簇,形成较低的概念层. 簇也可以聚集在一起,以形成分层结构中较高的概念层.

D. 基于熵的离散化

有一种基于信息的度量称作熵,可以被用来递归地划分数值属性的值,产生分层的离散化. 这种离散化形成属性的概念分层.

E. 自然划分

尽管以上的各种方法对于数值分层来说是非常有效的,但是有很多使用者希望数值区域能够被划分为一个相对一致的、便于阅读的、看上去直观或者"自然"的区间. 这里最常用的就是 3 - 4 - 5 规则.

经过观察、分析,作者采用了自然划分的方法,即根据各故障所对应的温度或压力值的上下限来实现离散化.

故障 101 所对应的温度范围为[244,260],压力范围为[446,1 068];故障 202 所对应的温度范围为[247,326],压力范围为[914,1 185];故障 303 所对应的温度范围为[243,259],压力范围为[850,986]. 根据自然划分,温度值可以被离散化为$(-\infty, 243)$、[243,244)、[244,247)、[247,259)、[259,260)、[260,326)和[326,$+\infty$);压力值可以被离散化为$(-\infty, 446)$、[446,850)、[850,914)、[914,986)、[986,1 068)、[1 068,1 185)和[1 185,$+\infty$).

2) 所得关联规则结果

在使用 Apriori 算法挖掘关联规则之前,用 1~7 代表温度值经过离散化后所产生的 7 个自然划分,8~14 代表压力值经过离散之后所产生的 7 个自然划分,15 代表温度值随时间无变化,16 代表温度值随时间有变化,17 代表压力值随时间单调变化,18 代表压力值随时间振荡变化,21、22 和 23 代表三种故障形式 101、202、303. 通过挖掘将形如 a<—b(c%,d%)的关联规则,其中 b 为规则的前件,a 为规则的后件,c%为支持度,d%为置信度. 为了尽可能地发现隐藏在数据中的有用规则,作者采用了较低的支持度和较高的置信度. 当 minSup = 20%,minConf=90%时,经过 Apriori 算法,就可以得到以下的关联规则:

表 4.2　发现的关联规则

22<—18　(21.3%,99.6%)	22<—16　(24.0%,99.7%)
15<—9　(28.0%,92.3%)	17<—9　(28.0%,92.4%)
22<—13　(28.1%,99.9%)	6<—13　(28.1%,94.5%)
15<—21　(43.9%,100.0%)	17<—21　(43.9%,99.9%)
6<—22　(50.8%,89.9%)	22<—6　(51.2%,89.2%)

6<−18 22　(21.2%, 89.1%)	6<−16 22　(23.9%, 90.0%)
22<−16 6　(21.5%, 100.0%)	15<−9 21　(20.5%, 100.0%)
17<−9 21　(20.5%, 99.8%)	17<−9 15　(25.8%, 96.0%)
15<−9 17　(25.9%, 95.8%)	6<−13 22　(28.0%, 94.6%)
22<−13 6　(26.5%, 100.0%)	21<−9　(22.0%, 92.1%)

经过分析综合可得：

1）故障 3 出现的频度相对于故障 1 和故障 2 低，所以在所设定的支持度在没有发现关于故障 3 的关联规则；

2）当温度没有变化或压力随时间单调变化或以上条件同时满足时，故障 1 经常发生；

3）当温度不断变化或压力随时间振荡变化或以上条件同时满足时，故障 2 经常发生；

4）当压力值属于[446, 850)时，故障 1 经常发生；

5）当温度值属于[260, 326)时或压力值属于[1 068, 1 185)，或两者都满足时，故障 2 经常发生.

由此可见，关联规则对于机械制造过程中的状态在线监测无疑是很有帮助的. 这些规则不但反映了温度、压力变化与故障之间的关系，而且还揭示了不同温度值和压力值之间的内在关系.

4.5　多层关联规则算法中信息遗失问题的研究

在机械制造过程中，管理者经常会面临需要做出决策. 而这些所要决策的复杂问题常常不只简单是一个多参数的问题，而且每一个参数中可能又包含了大量的层次，从而构成有宽度又有深度的拓扑结构(图 4.3)，如何发现这些具有多层次的参数之间的、复杂的相互关联是一个急需解决的问题，也是本节的研究重点.

以 Apriori 算法为基础，学者 Han 把它延伸到挖掘多层关联规

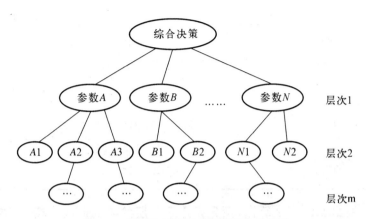

图 4.3　具有多层次的多参数的拓扑结构

则[182]，在不同的概念层上选用不同的最小支持度（minSup）值. 由于高的概念层上支持度都很高，而相对低的概念层上的支持度往往都很低，因此如果想挖掘出不同概念层上的关联规则，可以根据概念层由高到低设置相应的关联的支持度. Han 提出的 ML－T2 算法，其基本思想与 Apriori 算法相同. 具体描述时由于引入了多层、泛化的概念，因此对于候选频繁项集集合的描述有了不同. 还有的区别就是引入了一个过滤后的事务集，用以在经过计算确定第一层的频繁项集后对事务集进行处理，把不含有第一层的频繁项集的项集都从事务中去除，这样可以减少后续整个事务集计算的工作量.

　　表 4.3 中列举的就是根据机械制造过程中的某一决策问题抽象后所得的数据库：

表 4.3　所采用的数据库

DataBase

TID	Items
T1	{111, 121, 211, 221}
T2	{111, 211, 222, 323}

TID	Items
$T3$	$\{112, 122, 221, 411\}$
$T4$	$\{111, 121\}$
$T5$	$\{111, 122, 211, 221, 413\}$
$T6$	$\{211, 323, 524\}$
$T7$	$\{221, 323, 411, 524, 713\}$

　　根据 ML‐T2 算法,预先设定第一层的 minSup＝4,第二层的 minSup＝3,第三层的 minSup＝3. 通过挖掘得到图 4. 4.

Level‐1 minSup＝4
Level‐1 large 1‐itemsets：$L[1,1]$

Itemset	Support
$\{1**\}$	5
$\{2**\}$	6

Level‐1 large 2‐itemsets：$L[1,2]$

Itemset	Support
$\{1**,2**\}$	4

Filtered transaction table：$T[2]$

TID	Item
$T1$	$\{111, 121, 211, 221\}$
$T2$	$\{111, 211, 222\}$
$T3$	$\{112, 122, 221\}$
$T4$	$\{111, 121\}$
$T5$	$\{111, 122, 211, 221\}$
$T6$	$\{211\}$
$T7$	$\{221\}$

Level‐2 minSup＝3
Level‐2 large 1‐itemsets：$L[2,1]$

Itemset	Support
$\{11*\}$	5
$\{12*\}$	4
$\{21*\}$	4
$\{22*\}$	5

Level - 2 large 2 - itemsets：$L[2,2]$

Itemset	Support
{11*,12*}	4
{11*,21*}	3
{11*,22*}	4
{12*,22*}	3
{21*,12*}	3

Level - 2 large 3 - itemsets：$L[2,3]$

Itemset	Support
{11*,12*,22*}	3
{11*,21*,22*}	3

Level - 3 minSup=3
Level - 3 large 1 - itemsets：$L[3,1]$

Itemset	Support
{111}	4
{211}	4
{221}	4

Level - 3 large 2 - itemsets：$L[3,2]$

Itemset	Support
{111,211}	3

图 4.4　ML - T2 算法挖掘过程

　　在挖掘的过程中作者发现，虽然 Han 已经考虑到了在各层上使用不同的 minSup 值，但仍存在问题：如上例中{22*,41*}的支持度为 3，满足该层 minSup 的设置，但这一有用信息被丢失了．仔细观察，是由于在第一层上项集{41*}的父集{4**}的支持度=3，小于该层上的 minSup 值=4，所以已被去除．然而实际上由于第二层上的 minSup=3，因此{4**}与其他项集的集合仍然可能是满足 minSup 的频繁项集．由此，可以发现原来的算法中对于 minSup 的使用还有需要改进之处．

　　针对以上信息丢失的问题，作者将通过对两种最常用的频繁项集挖掘算法（ML - T2 算法和 FP-tree 算法）的讨论来研究如何避免它．

4.5.1 A－ML－T2 算法

为了避免在 ML－T2 算法的使用过程中造成信息丢失,作者认为在设置完各层的 t-minSup 值之后,需要先求出 MINSup＝min(t-minSup)取代原先算法中的 minSup,从而实现保留任何超集可能是频繁项集的子集.

在改进后再对表 4.3 中的数据库进行频繁项集挖掘(图 4.5),会发现在 $T[2]$ 中需要添加项集 {323} 和 {411},挖掘出了所遗失信息 {32*}、{41*} 和 {41*, 22*}.

Level－1 minSup＝4
Level－1 large 1－itemsets：$L[1,1]$

Itemset	Support
{1＊＊}	5
{2＊＊}	6

Level－1 large 2－itemsets：$L[1,2]$

Itemset	Support
{1＊＊,2＊＊}	4

Filtered transaction table：$T[2]$

TID	Item
T1	{111, 121, 211, 221}
T2	{111, 211, 222, **323**}
T3	{112, 122, 221, **411**}
T4	{111, 121}
T5	{**111**, 122, 211, 221, **413**}
T6	{211, **323**}
T7	{221, **323**, **411**}

Level－2 minSup＝3
Level－2 large 1－itemsets：$L[2,1]$

Itemset	Support
{11＊}	5
{12＊}	4
{21＊}	4
{22＊}	5
{**32＊**}	**3**
{**41＊**}	**3**

Level - 2 large 2 - itemsets：$L[2,2]$

Itemset	Support
{11*,12*}	4
{11*,21*}	3
{11*,22*}	4
{12*,22*}	3
{21*,22*}	3
{41*,22*}	

Level - 2 large 3 - itemsets：$L[2,3]$

Itemset	Support
{11*,12*,22*}	3
{11*,21*,22*}	3

Level - 3 minSup=3
Level - 3 large 1 - itemsets：$L[3,1]$

Itemset	Support
{111}	4
{211}	4
{221}	4

Level - 3 large 2 - itemsets：$L[3,2]$

Itemset	Support
{111,211}	3

图 4.5　改进后 A - ML - T2 算法挖掘过程

通过对 ML - T2 算法的改进,设计了 A - ML - T2 算法：

MINSup=min(t-minSup)；
for(ℓ=1；$L[\ell, 1]\neq\Phi$ and ℓ<max_level；ℓ++) do begin
　　if ℓ=1 then begin
　　　　$L[\ell, 1]$=according to MINSup to
　　　　　　　get_large_1_itemsets($T[1]$,ℓ)；
　　　　/*根据 MINSup 的值而不是 ℓ-minSup 来求 $L[\ell,$
1]*/
　　　　$T[2]$=get_filtered_transaction_table($T[1]$,MINSup)；
　　　/*根据 MINSup 的值而不是 $L[1, 1]$得到 $T[2]$*/
　　　end
　　else $L[\ell, 1]$=according to MINSup to

$$\text{get\_large\_1\_itemsets}([T[2],\ell];$$
/ * 根据 MINSup 的值而不是 ℓ-minSup
来求 $L[\ell, 1]$ * /
for($k=1;L[\ell,k]\neq\Phi;k++$) do begin
  $Ck=$ according to MINSup to
    get_candidate_set($L[\ell,k]$);
  foreach transaction $t\in T[2]$ do begin
    $Ct=$get_subsets(Ck,t);
    foreach candidate $c\in Ct$ do c. support$++$
  end
  $L[\ell, k]=\{c\in Ck|$c. support$\geq\ell$-minSup$\}$
End
End
$LL[\ell]=\bigcup kL[\ell,k];$

综上所述,使用 A - ML - T2 算法虽然会有增加一部分存储空间的需求,但是既不会增加算法的运行时间,更不会遗失有用的信息.

4.5.2　FP-tree 法用于多层关联规则的挖掘

ML - T2 算法中发现有用信息丢失的根本原因在于它本质上是一个由顶到底的算法. 如果采用由底到顶的算法,信息丢失的问题无疑就迎刃而解了. 但是,随即会带来问题即产生大量的候选频繁项集,为此需要寻找一种解决方案,需要采用一种新的紧凑的、高效的存储结构. FP 树[183]就是一个很好的方法. Pei 和 Han 已经把它用于挖掘无层次概念的事务集中的频繁项集. 因而,作者提出在多层次的关联规则挖掘中,在不同的层上建立各自的 FP-tree,这样就可以在不产生候选项集的基础上挖掘出多层关联规则了. 以上文例子中用到的 DataBase 为例:按照由底到顶的思想,先从底层开始建立 FP 树.

1) 在底层上：

设：111 为 a，121 为 b，211 为 c，221 为 d，222 为 e，323 为 f，112 为 g，122 为 h，411 为 i，413 为 j，524 为 k，713 为 l. 则：$a = 4$，$b = 2$，$c = 4$，$d = 4$，$e = 1$，$f = 3$，$g = 1$，$h = 2$，$i = 2$，$j = 1$，$k = 2$，$l = 1$. 取 minSup $= 3$，则按照降序排列得频繁项集为 a，c，d，f.

对原来的 Database 经过处理从而得表 4.4 的数据库和图 4.6 所示的 FP 树.

表 4.4 底层分析所得数据库

TID	Itemsets
T1	a, c, d
T2	a, c, f
T3	d
T4	a
T5	a, c, d
T6	c, f
T7	d, f

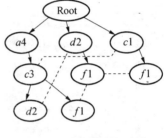

图 4.6 底层上的 FP 树

按照 FP 树挖掘出以下规则：

表 4.5 底层上的规则集合

Item	conditional pattern base	conditional FP-tree
F	$\{(a:1, c:1), (c:1), (d:1)\}$	Φ
D	$\{(a:1, c:1), (a:1)\}$	Φ
C	$\{(a:3)\}$	$\{(a:3)\}|c$
A	Φ	Φ

这样在底层上的频繁项集为 $111, 211, 221, 323$ 和 $(111, 211)$.

2) 在第二层上：

设：11^* 为 a，12^* 为 b，21^* 为 c，22^* 为 d，32^* 为 e，41^* 为 f，52^* 为 g，71^* 为 h。则：$a=5$，$b=4$，$c=4$，$d=5$，$e=3$，$f=3$，$g=2$，$h=1$。取 $\text{minSup}=3$，则按照降序排列得频繁项集为 a，d，b，c，e，f。

对原来的 Database 经过处理从而得表 4.6 的数据库和图 4.7 所示的 FP 树。

表 4.6　第二层分析所得数据库

TID	Itemsets
T1	a，d，b，c
T2	a，d，c，e
T3	a，d，b，f
T4	a，b
T5	a，d，b，c，f
T6	c，e
T7	d，e，f

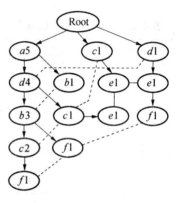

图 4.7　第二层上的 FP 树

按照 FP 树挖掘出以下规则：

表 4.7　第二层上的规则集合

item	conditional pattern base	conditional FP-tree
f	$\{(a:1,d:1,b:1,c:1),(a:1,d:1,b:1),(d:1,e:1)\}$	$\{(d:3)\}\mid f$
e	$\{((a:1,d:1,c:1),(c:1),(d:1))\}$	Φ
c	$\{(a:2,d:2,b:2),(a:1,d:1)\}$	$\{(a:3,d:3)\}\mid c$
b	$\{(a:3,d:3),(a:1)\}$	$\{(a:4,d:3)\}\mid b$
d	$\{(a:4)\}$	$\{(a:4)\}\mid d$
a	Φ	Φ

这样在第二层上的频繁项集为 11^*，12^*，21^*，22^*，32^*，41^*，(22^*，

41^*），$(11^*，21^*)$，$(21^*，22^*)$，$(11^*，21^*，22^*)$，$(11^*，12^*)$，$(12^*，22^*)$，$(11^*，12^*，22^*)$，$(11^*，22^*)$.

3）在顶层上：

设：1^{**}为a，2^{**}为b，3^{**}为c，4^{**}为d，5^{**}为e，7^{**}为f. 则：$a = 5$，$b = 6$，$c = 3$，$d = 3$，$e = 2$，$f = 1$. 取 minSup $= 3$，则按照降序排列得频繁项集为a，b.

对原来的 Database 经过处理从而得表 4.8 的数据库和图 4.8 所示的 FP 树.

表 4.8 顶层分析所得数据库

TID	Itemsets
T1	$a，b$
T2	$a，b$
T3	$a，b$
T4	a
T5	$a，b$
T6	b
T7	b

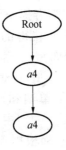

图 4.8 顶层上的 FP 树

按照 FP 树挖掘出以下规则：

表 4.9 顶层上的规则集合

item	conditional pattern base	conditional FP-tree
b	$\{(a：4)\}$	$\{(a：4)\}\|b$
a	Φ	Φ

在顶层上的频繁项集为 1^{**}，2^{**}，$(1^{**}，2^{**})$.

通过观察可以发现通过在各层上建立各自的 FP-tree，Database 中所有满足预设 minSup 的频繁项集都被挖掘了出来.

4.6 Tough 型约束下的频繁项集的挖掘

众所周知,在机械制造过程中会产生大量的数据. 为了能够存储好这些数据便于未来利用,企业通常会建立数据库或数据仓库. 为了能够在数据海洋里发现所需要的特定知识,提高挖掘的效率,无疑在挖掘过程中需要添加约束条件,如选定特定的知识类型、特定的数据集合、特定的层次和特定的兴趣度约束等等. 其中,兴趣度约束的选择、研究和如何融入现有算法成了学者们研究的重点.

有学者提出了基于约束的频繁项集的挖掘[163, 164]. 对于机械制造中所获得的数据,常用的约束从其聚集函数来看可分为三类:分布型(计数、求和、最大值、最小值),代数型(平均值,方差值)、整体型(中值). 而这些约束从约束的特点来看可以分为单调型(包括单调和反单调),简洁型和既非单调又非简洁型(Tough型). 文[185~187]中已经研究了单调型、简洁型的约束用于频繁项集的挖掘. 而根据现掌握的资料,由于 Tough 型约束的复杂性,现有的研究还很少. 针对机械制造过程中数据处理的需要,作者提出 Tough 型约束下的频繁项集挖掘算法,实现 Tough 型约束与现有关联规则算法的融合.

关于 Tough 型约束,文[164]中认为可以试着把它转化为满足单调型、简洁型的一种弱约束,但这没有从根本上解决问题. 文[184]中提出了可转换约束的概念. 即通过对数据进行排序,使得 Tough 型的约束转变为单调型、简洁型的约束. 先引入前缀的概念,如对于数据 $<a$, d, g, s, j, $l>$,则 a 是 ad 的前缀,a、ad 是 adg 的前缀. 当 $a = 30$,$d = 10$, $g = 15$, $s = 0$, $j = 20$, $l = 5$,约束为 avg(S) $\geqslant 5$ 时,显而易见在现在的排列下,约束是 Tough 型的. 但如果按照数据的大小以降序排列时,得 $<a$, j, g, d, l, $s>$,可以发现现有约束变成反单调的. 由此可见原本是 Tough 型的约束,在数据排序之后就转变成为数据特定排序下的单调型约束. 这为 Tough 型约束与频繁项集挖掘的结合创造了条件.

常用于频繁项集挖掘的算法可以分为两大类: (1) 不需产生候选项集的模式增长 (pattern-growth) 方法, 如 FP-growth 和 TreeProjection; (2) 候选集产生及检验 (candidate generation-and-test) 方法, 如 Apriori 算法. 由于方法类 1 是基于由底到顶的算法, 因此约束只能作为频繁项集挖掘之后的后续处理, 所以作者将从方法类 2 的角度来研究 Tough 型约束下的频繁项集挖掘.

Tough 型约束下频繁项集的挖掘

候选集产生及检验方法中最典型的就是 Apriori 算法. Apriori 算法用于 Tough 型约束下频繁项集的挖掘有两种方法可供选择: (1) 用 Apriori 算法求解出全部频繁项集, 然后根据 Tough 型约束进行后续检验, 得到最终结果. 这种方法把约束和 Apriori 算法完全分开. (2) 把 Tough 型约束直接嵌入到 Apriori 算法中去. 由于 Apriori 算法核心思想与反单调约束的特点相一致. 而 Tough 型约束在数据排序之后就转变成为数据特定排序下的反单调型约束, 这就使它和 Apriori 算法融合在一起成为可能. 毫无疑问, 第二种方法相比第一种方法效率要高. 在本文中, 作者研究第二种方法.

假设有这样一组项集 (表 4.10): $I = \{a, b, c, d, e, f, g, h\}$, 设置 minSup = 2. 并取各项集值为:

表 4.10 项集集合

Item	a	b	c	d	e	f	g	h
Value	40	0	−20	10	−30	30	20	−10

那么经过排序得 $<a, f, g, d, b, c, e>$, 通过 1-level 的支持度检验, 得到了表 4.12. 设 Tough 约束为 avg(S) ⩾ 25, 经过排序 Tough 约束已转换为反单调约束.

表 4.11 数据集		表 4.12 预处理后所得数据集	
Transaction ID	Items in transaction	Transaction ID	Items in transaction
10	a, b, c, d, f	10	a, f, d, b, c
20	b, c, d, f, g, h	20	f, g, d, b, h, c
30	a, c, d, e, f	30	a, f, d, c, e
40	c, e, f, g	40	f, g, c, e

1）第一层上：

满足 $\text{avg}(S) \geqslant 25$ 的候选集为 a 和 f，经过支持度检验得到第一层上满足约束的频繁项集为 a 和 f.

2）第二层上：

根据 Apriori 算法显然 af 肯定是满足约束的频繁项集.

这时，还需要加上第一层上的频繁项集 a，f 与第一层上非频繁项集（g，d，b，c，e）的交集. 因为虽然 g，d，b，c，e 在第一层上不是频繁项集，但它与第一层上频繁项集的交集仍有可能在第二层上是频繁项集. 对这些交集进行约束检验时，满足反单调性质.

ag，ad 满足约束，由于 ab 不满足约束，所以后续的 ac，ae 肯定不满足约束，因此无需生成来检验. fg 满足约束，由于 fd 不满足约束，后续的就不用考虑了. 再通过支持度的检验就可以得到第二层上满足约束的频繁项集为 ad 和 fg.

3）第三层上：

根据 Apriori 算法显然没有项集是满足约束的频繁项集.

同理，还需要加上第二层上的频繁项集 af，ad，fg 与第一层上非频繁项集（g，d，b，c，e）的交集，并进行约束检验且满足反单调性质.

afg，afd 满足约束，afb 不满足，所以后续的肯定不满足. adb 不满足，所以后续的肯定不满足. fgd 不满足，所以后续的肯定不满足.

再通过支持度的检验可以得到第三层上满足约束的频繁项集为 afd.

所以，最后可以得到满足 Tough 型约束 avg(S) $\geqslant$ 25 的频繁项集为 a, f, af, ad, fg 和 afd.

可以发现与选择图 4.9 的方法相比，选择图 4.10 的方法由于把 Tough 型约束融入了 Apriori 算法后，使得很多候选项集都不用产生，就已经能判断出它符合不符合约束了，这样使计算量大大减少. 以上的方法同样适用于能转换为单调型约束的 Tough 型约束，这时数据需按升序排列.

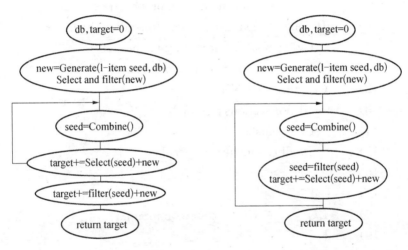

图 4.9　约束作为后续处理　　　图 4.10　约束融入算法之中

至此，就可以得到 TCA 算法（Tough Constraint based Apriori Algorithm）.

Input：$T[1]$（After order），minSup，Tough Constraint.

Output：frequent itemsets.

TCA Algorithm：

1)　$\overline{L1}$ = {large 1-itemsets}；

2)　$L1$ = {$\overline{L1}$ $\bigcap$ Constraint}；

3) $\overline{\overline{L1}} = \overline{L1} - L1$；

4) $T[2] = $ get_filtered$(T[1], \overline{L1})$；

5) for($k = 2$; $Lk - 1 \neq \Phi$; $k ++$)

6) $\quad Ck' = $ apriori_gen($Lk - 1$)；

7) $\quad Ck'' = (Lk - 1) \bigcap (\overline{\overline{L}}1)$；

8) $\quad$ if(Tough Constraint is anti-monotone after the order)

9) $\quad\quad Ck''' = $ test Ck'' according to the

$\quad\quad\quad\quad\quad\quad$ anti-monotone property；

10) $\quad$ if(Tough Constraint is monotone after the order)

11) $\quad\quad Ck''' = $ test Ck'' according to the

$\quad\quad\quad\quad\quad\quad$ monotone property；

12) $\quad Ck = Ck' + Ck'''$；

13) $\quad$ forall transactions $t \in T[2]$

14) $\quad\quad Ct = $ subset (Ck, t)；

15) $\quad\quad$ forall candidates $c \in Ct$ do

16) $\quad\quad\quad$ c. count$++$；

17) $\quad$ end

18) $\quad Lk = \{c \in Ck \mid $ c. count$\geqslant$minSup$\}$；

19) end

Answer$= \bigcup kLk$

作者所提出的 TCA 算法,充分利用了 Apriori 型算法所具有的反单调特性,对于 Tough 型约束,通过预处理使之也具有反单调性,从而与 Apriori 型算法实现了融合,高效地实现了 Tough 型约束下的频繁项集挖掘.

4.7 Tough 型约束下的频繁闭项集的挖掘

由于机械制造过程的复杂性,多参数、多层次的问题层出不穷,所以在进行频繁项集挖掘时会发现,仅仅添加约束虽然会提高算法的效率,但仍会产生大量的频繁项集,如何对这些项集进行后续的归类和简约是非常棘手的问题.

在关联规则挖掘算法中,除了频繁项集挖掘之外,还有一种被学者们认为是非常有前途的方法是频繁闭项集挖掘[188~198].通过这种方法,能够提取频繁项集中的一部分特别的子集.如果需要就可以用这些子集重新产生全部的频繁项集.由于子集的大小比原始的频繁项集小,所以可以在不造成信息丢失的基础上,限制频繁项集的数量.因此,频繁闭项集的研究受到了学者的广泛关注.

在本节中作者的研究重点包括:

1. 提出 Tough 型约束下的频繁闭项集挖掘算法;

2. 研究算法中的两个核心过程(选择过程 select()和过滤过程 filter())的先后顺序对算法的影响;

3. 研究在挖掘过程中,如何能够充分利用上层挖掘中已得到的信息.

(1) Galois 连接和闭项集

定义 1(知识挖掘). 知识挖掘就是 $D = (T, I, R)$. 行是事务集(T),列是项集(I). $R \subseteq T \times I$ 表示事务集和项集之间的关系.

定义 2(Galois 连接[202]). 设 $D = (T, I, R)$ 是一个数据挖掘任务. 对于 $T \subseteq T$ 和 $I \subseteq \tau$, 定义:

$$p(T): \quad 2^T \to 2^\tau \qquad p(T) = \{i \in \tau \mid \forall t \in T, (t, i) \in R\}$$

$$q(I): \quad 2^\tau \to 2^T \qquad q(I) = \{t \in T \mid \forall i \in I, (t, i) \in R\}$$

因为 2^T 和 2^τ 是 T 和 τ 的幂集,(p, q) 组成了一个 Galois 连接. 这个连接有以下特性:

$$I1 \subseteq I2 \to q(I1) \supseteq q(I2)$$

$$T1 \subseteq I2 \to p(I1) \supseteq p(I2)$$

$$T \subseteq q(I) \to I \subseteq p(T)$$

定义 3（Galois 闭集操作）. 已有 Galois 连接，如果选择 $h = p(q(I))$，$g = q(p(T))$，I，$I1$，$I2 \subseteq \tau$，T，$T1$，$T2 \subseteq T$，则有以下性质：

延伸性：$I \subseteq h(I)$ $\qquad T \subseteq g(T)$

等幂性：$h(h(I)) = h(I)$ $\qquad g(g(T)) = g(T)$

单调性：$I1 \subseteq I2 \to h(I1) \subseteq h(I2)$ $T1 \subseteq T2 \to g(T1) \subseteq g(T2)$

定义 4（闭项集与频繁闭项集）. 一个项集 I 的闭集就是与 I 具有相同的支持度的 I 的最大超集. 而闭项集就是与闭集具有相同支持度的项集. 如果闭项集的支持度比预设的支持度高，那么就被称为频繁闭项集.

根据以上的定义，可以得出：（1）那些与其超集具有相同支持度的项集可以被放置到其超集所属的闭集之中；（2）对于规则 A→B 而言，如果 A 和 AB 处于同一个闭集中，那么其置信度就为 1. 这也就是说，可以把规则划分为两大类：一类即置信度为 1 的规则，另一类即为置信度在最小置信度和 1 之间的规则. 在需要挖掘频繁项集时，可以采用频繁闭项集的挖掘来取代它，因为这种方法不但可以产生更少的规则，而且还不会造成信息损失. 由于很容易就能证明出频繁闭项集具有反单调特性，因此其可以直接被加入到 Apriori 类的算法中去.

（2）Tough 型约束下的频繁闭项集挖掘算法

本节中将引入以 Tough 型约束完全融入 Apriori 型算法为基础的频繁闭项集挖掘算法（TC-based FCIM Algorithm, Tough Constraint-based Frequent Closed Itemsets Mining Algorithm）（图 4. 11）.

图中的 select()（选择）函数就是用来判断候选项集是否满足最小支持度的设置，filter()（过滤）就是用 Tough 型约束来滤去那些无用的候选项集. 由于 Apriori 型的算法满足反单调特性，因此可以先把 Tough 约束转变为具有反单调性的约束，然后再融入算法之中.

假设有这样一组项集：$I = \{a, b, c, d, e, f, g, h\}$，设置 minSup $= 2$. 所用的事务数据库和约束的转化方法同上节，并得到上

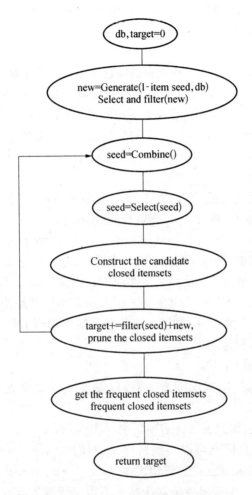

图 4. 11　TC-based FCIM Algorithm

节中所列的表 4. 10、表 4. 11 和表 4. 12. 所使用的 Tough 型约束约束
仍旧是 $\mathrm{avg}(S) \geqslant 25$.

　　1）第一层上：

　　满足最小支持度约束的候选项集为 a，f，g，d，b，c 和 e. 在经过 Tough 约束过滤之后,在本层上满足特定约束的即最终的频繁项集为 a 和 f.

2) 第二层上:

根据 Apriori 型算法和约束的特性,af 肯定是频繁项集. 此时,还需要考虑由第一层中频繁项集和非频繁项集所组成的交集,即 ag, ad, ab, ac, ae, fg, fd, fb, fc 和 fe. 虽然 g, d, b, c 和 e 在第一层中不是频繁项集,但其与 a 或 f 的交集仍旧可能是频繁项集. 由于所有第一层上的项集已经经过降序排列,因此在选择过程中可以充分利用反单调的特性.

经过选择过程后,可以发现满足最小支持度的有 ad, ac, fg, fd, fb, fc 和 fe. 再加上 af,就得到了由候选项集所组成的闭项集: $\{a, af, ad, ac\}$, $\{f, fc\}$, $\{fg\}$, $\{fd\}$, $\{fb\}$和$\{fe\}$.

然后再根据 Tough 型约束条件来进行过滤. 发现 ad 满足约束条件,而 ac 不满足;fg 满足约束条件;而 fd 不满足,因此就不用再考虑 fb, fc 和 fe 了. 最终,得到在第二层上满足预设的最小支持度和约束条件的频繁项集为 af 和 fg,综合第一层就得到了频繁闭项集$\{a, af, ad\}$, $\{f\}$和$\{fg\}$.

3) 第三层上:

按照第二层所采用的方法,可以发现 afd 是满足条件的频繁项集.

综上所述,得到了最终的频繁闭项集为$\{a, af, ad, afd\}$, $\{f\}$和$\{fg\}$. 接着立即就可以得到所需要的规则: $a \rightarrow f$、$a \rightarrow d$、$a \rightarrow fd$、$af \rightarrow d$、$ad \rightarrow f$ 和 $f \rightarrow g$ 的置信度为 1,而 $f \rightarrow a$、$f \rightarrow ad$ 的置信度为 0.5. 由此可见,频繁闭项集对于减少不需要出现的候选项集和产生最终的有用规则起到了很大的作用.

以下就是所提出的 Tough 型约束下的频繁闭项集挖掘算法:(TC-based FCIM Algorithm)

Input:$T[1]$(after order),minimum support,tough constraint.

Output:frequent closed itemsets.

TC-based FCIM Algorithm:

1) $\overline{L}1=\{$large 1-itemsets$\}$;

2) $L1=\{\overline{L}1\bigcap$Constraint$\}$;

3) $\overline{\overline{L}}1=\overline{L}1-L1$;

4) $T[2]=$get_filtered$(T[1], \overline{L}1)$;

5) for$(k=2;Lk-1\neq\phi; k++)$

6) $C_k'=$apriori_gen(L_{k-1});

7) $C''_k=(L_{k-1})\bigcap(\overline{\overline{L}}1)$;

8) $C_k=C_k'+C_k''$;

9)   forall transactions $t\in T[2]$

10) $C_t=$subset (C_k, t);

11)   forall candidates $c\in C_t$ do

12) $c.$ count$++$;

13)   end

14)   end

15) $S_k=\{c(C_k|c.$ count$\geq$minimum support$\}$;

16) generate the candidate frequent closed
    itemsets $C I'_k$;

17)   if(Tough Constraint have anti-monotone
        property after order)

18) $L_k=$test S_k according to the anti-monotone
        property;

19)   if(Tough Constraint have monotone property
        after order)

20) $L_k=$test S_k according to the monotone
        property;

21) get the frequent closed itemsets $C I_k$

22) end

Answer$=\bigcup_k CI_k$

随后由同一个频繁闭项集中项集产生的规则的置信度为 1,而对于不同频繁闭项集中项集产生的规则需要根据预先设定的置信度阈值来判断规则的有效性.规则的具体产生和约简方法见章节 4.9.

（3）选择过程 select()和过滤过程 filter()的先后顺序

在以上算法中,选择过程和过滤过程是两个主要过程,既可以先开展选择过程再过滤过程,同样也可以把过滤过程放在选择过程之前.那么,这两种方法的区别之处在哪里呢? 为了解决它,首先需要研究以下问题：

假设：有三个项集 a、b、c,满足 $a>b>c$,仍旧选择函数 avg()为 Tough 型约束,sup()来表示项集的支持度.问题：如果项集 ab 和 bc 的支持度都满足预先设定的最小支持度,那么项集 abc 满足吗? 如果项集 ab 和 bc 的支持度只有一个满足预先设定的最小支持度,那么项集 abc 满足吗? 如果项集 ab 和 bc 的支持度没有一个满足预先设定的最小支持度,那么项集 abc 满足吗? 对于以上这三个问题,如果采用函数 avg()取代 sup(),那么又会得到怎样的结果呢?

问题解答：在回答前第三个问题的过程中,会顺带回答问题四中的相关部分.

问题一：

如果项集 ab 和 bc 的支持度都满足预先设定的最小支持度,那么项集 abc 可能会满足.这是因为当 $\sup(ab)+\sup(bc)\leqslant 1$ 时,$\sup(abc)([0,\min(\sup(ab),\sup(bc))]$.当 $\sup(ab)+\sup(bc)>1$ 时,$\sup(abc)([\min(0,(\sup(ab)+\sup(bc))-1),\min(\sup(ab),\sup(bc))]$.可是,当 ab 和 bc 都满足 avg() $\geqslant m$ 时,abc 显然肯定满足.

问题二：

如果项集 ab 和 bc 的支持度中只有一个满足预先设定的最小支持度,那么根据反单调特性可以得出项集 abc 的支持度肯定不会满足最小支持度的要求.但是,当用函数 avg()取代 sup()之后,情况就发生了变化.

假设 avg() $\geqslant m$ 为所选用的 Tough 型约束.已知条件为 $a>b>c$、$(a+b)/2\geqslant m$、$(a+c)/2<m$,试比较 $(a+b+c)/3$ 与 m 的大小.

Ⅰ. 假设 $|a-b|=|b-c|$,那么 $a+c=2b,(a+b+c)/3=b$.

If $m\in(b,(a+b)/2)$ then $(a+b+c)/3 < m$;

If $m=b$ then $(a+b+c)/3=m$;

If $m\in((a+c)/2, b)$ then $(a+b+c)/3 > m$;

Ⅱ. 假设 $|a-b|>|b-c|$,那么 $a+c>2b,(a+b+c)/3>b$.

因为: $(a+c)/2-(a+b+c)/3=(a+c-2b)/6>0$

$$m\in((a+c)/2,(a+b)/2)$$

所以: $(a+b+c)/3 < m$.

Ⅲ. 假设 $|a-b|<|b-c|$,那么 $a+c<2b$.

因为: $(a+b+c)/3-(a+b)/2=(2c-a-b)/6<0$

$$(a+b+c)/3-(a+c)/2=(2b-a-c)/6>0$$

$$(a+b+c)/3\in((a+c)/2, (a+b)/2)$$

所以: $m\in((a+c)/2, (a+b)/2)$

由此可见,在 $(a+b+c)/3$ 与 m 的比较过程中,">","<"和"="都可能出现.

问题三:

如果项集 ab 和 bc 的支持度都不满足预先设定的最小支持度,那么项集 abc 也肯定不满足.同样的,如果 ab 和 bc 都不满足函数 avg() $\geqslant m$,那么 abc 也肯定不满足.

综上所述,不能通过最小支持度评判的项集仍有可能通过 Tough 型约束的检验,所以应该把选择过程放在过滤过程的前面.

(4) 充分利用上层挖掘中已得到的信息——支持度下限和约束下限

在使用以上算法的过程中,如果使用者想要得到第 K 层上的频繁项集,那么就需要扫描数据库 K 次.但在事实上,在扫描开展之前,如果能够充分的利用现已获得的 $K-1$ 层上频繁项集的信息,那么就可以事先就去除第 K 层上许多不可能具有频繁性的项集.

文[199]中提出了一种计算支持度下限的方法,即可以利用函数

drop()来计算当一个项集延伸至超集时支持度的下降情况.

定义：$\mathrm{drop}(I, i) = \sup(I) - \sup(I \bigcup \{i\})$，其中 I 不包含在项集 I 中.

因为 $\sup(I \bigcup \{i\}) = \sup(I) - \mathrm{drop}(I, i)$，当我们采用 $I'(I' \subset I)$ 来代替 I 时，就可以得到 $\sup(I \bigcup \{i\})$ 值的下限，即 $\sup(I) - \mathrm{drop}(I', i) = \sup(I) + \sup(I' \bigcup i) - \sup(I')$. 当所采用的项集 I' 与 I 相比只差一个元素时，所得的就是一个紧约束.

这时就引入了以下问题：虽然项集 I 的所有子集都可以被使用，那么哪一个是最精确的呢？Tough 型约束是不是也具有下限的特性呢？

问题一：

首先先看以下这个例子.

假设已知项集$\{123\}$的支持度，项集$\{1\}$、$\{2\}$、$\{3\}$和$\{4\}$是独立的、按照降序排列的项集. 先需要计算项集$\{1234\}$的支持度下限.

当选择相应的子集时，有以下 7 种选择：$(\{\phi\}, \{1\}, \{2\}, \{3\}, \{12\}, \{13\}, \{23\})$. 然后就可以得到以下的 7 个计算公式：

(1) $\sup(123) + \sup(124) - \sup(12)$

(2) $\sup(123) + \sup(134) - \sup(13)$

(3) $\sup(123) + \sup(234) - \sup(23)$

(4) $\sup(123) + \sup(14) - \sup(1)$

(5) $\sup(123) + \sup(24) - \sup(2)$

(6) $\sup(123) + \sup(34) - \sup(3)$

(7) $\sup(123) + \sup(4) - \sup(\phi)$

经过研究分析可以得到：

$(1) - (4) = \sup(124) - \sup(12) - (\sup(14) - \sup(1))$
$= (\sup(2) - 1)(\sup(14) - \sup(1)) \geqslant 0$

$(1) - (2) = \sup(124) - \sup(12) - (\sup(134) - \sup(13))$
$= (\sup(2) - \sup(3))(\sup(14) - \sup(1)) \leqslant 0$

$(4) - (7) = \sup(14) - \sup(1) - (\sup(4) - \sup(\phi)) = (\sup(1) - 1)(\sup(4) - \sup(\phi)) \geqslant 0$

由此可见，在抽象层 1 上的项集按照降序排列的基础上，当 $I' =$

$\langle\phi\rangle$ 时,由 $\sup(I) + \sup(i) - \sup(\phi)$ 能得到最精确的支持度下限.

问题二:

把研究的注意力集中在下限的定义上. 由于项集 I' 所占据的空间被包含在项集 I 所占据的空间之中,所以在项集 $I\cup i$ 过程中所失去的交易事务集合是 $I'\cup i$ 过程中所失去的交易事务集合的子集. 也就是说,drop(I', i) 是 drop(I, i) 的一个上限,所以 $\sup(I) -$ drop(I', i) 也就是所要求的下限.

当在概念层一就按照降序排列后,如果由约束计算所得的值也满足降序,那么就满足了上述下限理论的要求. 所以说,在精心的预处理之后,Tough 型约束也就具有了下限的特性.

支持度下限与约束下限的唯一区别在于 $\sup(\phi) = 1$,Constraint$(\phi) = 0$. 所以对于约束下限而言,最精确有效的算式为 constraint$(I_1 I_2 \cdots I_n) +$ constraint$(\{i\})$.

因此,当在第 K 概念层上经过选择过程和过滤过程获得了频繁项集之后,就可以利用支持度下限和约束下限来计算在第 $K+1$ 层上的某个项集是否满足支持度阈值和约束的要求. 如果能满足,那么它就是所需要挖掘出的内容,否则就需要为之扫描整个数据库.

4.8 利用松紧约束法挖掘频繁项集

机械制造过程中所建立的数据库或数据仓库容量通常非常大,其中既要存储许多实时数据,又要保存有历史数据的备份. 从这样一个海量数据库中挖掘知识要花费大量的时间. 从本质上来说,在频繁项集挖掘算法选用时,需要充分考虑其效率即完成整个挖掘所需要的时间. 研究表明,这个工作时间与算法所需要的浏览数据库的次数是密切相关的. 因此,对于用于机械制造海量数据频繁项集挖掘的算法来说,需要尽可能地减少扫描数据库的次数.

针对以上问题,作者提出一种新的、高效的频繁项集挖掘方法——松紧约束法. 首先采用松约束去除那些不能满足预设支持度阈值的候选频繁项集,然后对于剩余的候选频繁项集试图采用紧约束来确定它们的支持度. 只有对那些不能确定支持度大小的项集,才需要为之扫描数据库,这无疑大大降低了整个挖掘算法的运行时间.

1) 松约束

假设有两个项集 A 和 B,它们的支持度为 $\sup(A)$ 和 $\sup(B)$,minSup 为预设的支持度阈值. 根据 Apriori 方法,如果项集 A 和 B 中有一个不是频繁项集,那么就无需再考虑项集 AB 了,因为 AB 必定是不频繁的. 只有当项集 A 和 B 都是频繁项集时,才必要产生并测试候选项集 AB 的频繁性. 这时的工作不但需要产生项集 AB,还需要为之扫描整个数据库以得到其具体支持度. 众所周知,$\sup(AB) \in [\max(0, \sup(A) + \sup(B) - 1), \min(\sup(A), \sup(B))]$,由于在上一层中已经知道了 $\sup(A)$ 和 $\sup(B)$ 的大小,所以当 $\max(0, \sup(A) + \sup(B) - 1) \geqslant$ minSup 时,就能确定 AB 一定是频繁项集. 同样的,如果 $\min(\sup(A), \sup(B)) <$ minSup,就可以确定 AB 不是频繁项集. 作者把以上这一种约束称为松约束.

使用符号 ∇ 来代表项集 A 和 B 的交叉联接. 假设存在一个数据库,$s1$ 和 $s2$ 为最低和最高的支持度,把 F^s 定义为支持度大于 s 的频繁项集,$F^{s1, s2}$ 为支持度位于 $s1$ 和 $s2$ 之间的频繁项集,那么可以得到 $F^{s1} - F^{s2} \subseteq F^{s1, s2}$. 同样的,$F^{s1, s2} \bigcup F^{s2} \subseteq F^{s1}$. 现在就可以用以上的定义来描述松约束了. 设 $\Delta s = s1 + s2 - 1$,如果 $\Delta s > 0$,那么 $F^{s1, s2} \nabla F^{s3, s4} \subseteq F^{\Delta s, \min(s2, s4)}$

举例来说,如果 $\sup(A) = 60\%$,$\sup(B) = 70\%$,$\sup(C) = 10\%$,$\sup(D) = 30\%$,minSup $= 20\%$. 那么很容易就能得到 $30\% \leqslant \sup(AB) \leqslant 60\%$,$0 \leqslant \sup(AC) \leqslant 10\%$,$0 \leqslant \sup(AD) \leqslant 30\%$. 由此可见项集 AB 一定是频繁项集,项集 AC 肯定不是频繁项集,而 AD 是否是频繁项集则不确定. 在现有的、常用的算法中,必须通过扫描数据库来获得诸如项集 AB、AD 的支持度大小. 而现在,可以通过使用下述的紧约束,在无需扫描数据库的前提下,就能准确地

获得如 AB 这样肯定具有频繁性的项集的支持度大小.

2) 紧约束

经过研究发现,紧约束[200, 201]对于减少扫描数据库的次数和所需计算支持度的候选频繁项集的数量具有很重要的意义.

先考虑以下这个例子. 假设 $\sup(A) = \sup(B) = \sup(C) = 2/3$,$\sup(AB) = \sup(AC) = \sup(BC) = 1/3$,$\mathrm{minSup} = 1/3$. 按照常规的 Apriori 算法,无法判断项集 ABC 是否是频繁项集,需要为之扫描一遍数据库. 然而现在可以使用以下的不等式来计算项集 ABC 的支持度.

$$
\begin{cases}
\sup(ABC) \geqslant 0 \\
\sup(ABC) \leqslant \sup(AB)\,,\ \sup(ABC) \leqslant \sup(AC)\,,\ \sup(ABC) \\
\leqslant \sup(BC) \\
\sup(ABC) \geqslant \sup(AB) + \sup(AC) - \sup(A)\,;\ \sup \\
(ABC) \geqslant \sup(AB) + \sup(BC) - \sup(B)\,;\ \sup(ABC) \geqslant \sup \\
(AC) + \sup(BC) - \sup(C)\,; \\
\sup(ABC) \leqslant \sup(AB) + \sup(AC) + \sup(BC) - \sup(A) - \\
\sup(B) - \sup(C) + 1\,;
\end{cases}
$$

经过计算可得以下结果:

$$
\begin{cases}
\sup(ABC) \geqslant 0 \\
\sup(ABC) \leqslant 2/3 \\
\sup(ABC) \geqslant 0 \\
\sup(ABC) \leqslant 0
\end{cases}
$$

由此可得 $\sup(ABC) = 0$. 由此可见,采用这个方法就可以在不扫描数据库的情况下得到项集的支持度大小,这种方法通常被称为紧约束.

把 tx 定义为数据库中项集 x 的支持度,即 transaction. item＝x. 例如,t_{AB} 意味着数据库中包含项集 AB 的交易事务的支持度,它与 t_A、t_B 是相独立的. 所以,$\sup(A) = t_A + t_{AB} + t_{AC} + \cdots + t_{ABC} +$

$t_{ABD} + \cdots + t_I$. 接下来, 就得到了一下的不等式:

$$
\begin{cases}
\sup(I) = t_I & (1) \\
\sup(I-A) = t(I-A) + t_I & (2) \\
\sup(I-B) = t(I-B) + t_I & (3) \\
\cdots \\
\mathrm{Sup}(AB) = t_{AB} + t_{ABC} + t_{ABD} + \cdots + t_I. \\
\cdots \\
\sup(B) = t_B + t_{BA} + t_{BC} + \cdots + t_{ABC} + t_{ABD} + \cdots + t_I. \\
\sup(A) = t_A + t_{AB} + t_{AC} + \cdots + t_{ABC} + t_{ABD} + \cdots + t_I \\
1 = t_A + t_B + \cdots + t_{AB} + t_{AC} + \cdots + t_I & (N)
\end{cases}
$$

由于所有的 tx 都大于零, 所以可以递归的从(1)式到(N)式解出所有的不等式, 从而得到以下结果:

$$
\begin{cases}
\sup(I) \geqslant 0 \\
(-1)\sup(I) \geqslant \sup(I-A) \\
(-1)\sup(I) \geqslant \sup(I-B) \\
\cdots \\
(-1)^{k-2}\sup(I) \geqslant - \sup(AB) + \sup(ABC) + \sup(ABD) + \cdots - \\
\quad \sup(ABCD) - \cdots + \sup(ABCDE) + \cdots \\
\cdots \\
(-1)^{k-1}\sup(I) \geqslant - \sup(A) + \sup(AB) + \sup(AC) + \cdots - \\
\quad \sup(ABC) - \cdots + \sup(ABCD) + \cdots \\
(-1)^{k}\sup(I) \geqslant - 1 + \sup(A) + \sup(B) + \cdots - \sup(AB) - \\
\quad \sup(AC) - \cdots + \sup(ABC) + \cdots - \sup(ABCD) - \cdots
\end{cases}
$$

通过观察可以发现, 如果知道一个项集 I 的所有子集的支持度大小, 那么采用紧约束的方法就能精确的计算出项集 I 的支持度的上限和下限. 如果上下限相等, 那么就能确定其支持度, 从而无需为其扫描数据库了. 如果上下限不等, 那只有扫描数据库才能得到其支持度. 而对于 AD 类的项集, 即经过松约束无法判断频繁与否的项集, 则必须扫描数据库.

3) LTB 算法 (loose and tight bounds based algorithm)

通过以上的分析可以发现, 如果能够充分利用松约束和紧约束, 那么不但能够减少需要评估的候选频繁项集的数量, 而且能够减少数据库的扫描次数.

LTB algorithm:

Input: database D, minSup and t (the highest level we use the loose bounds);

Output: Frequent itemsets L;

1) $L=\phi$;

2) $L_1=\{$frequent 1-itemsets$\}$;

3) $L_1=$order L_1 according to their frequency in ascend order;

4) $T[1]=$get_filtered(D, L_1);

5) for$(k=2, L_{k-1}\neq\phi, k++)$

6) $C_k=$apriori_ gen(L_{k-1});

7)   if $(k\leqslant t)$

8)   use the loose bounds to get L' whose support is above minSup;

9) $L''=C_k-L'$;

10)   Calculate the support of itemsets $M1(M1\subseteq L')$ with the tight bounds;

11)   if the low and upper limits are the same;

12) $M2=L'-M1$;

13) $L_k=L_k\bigcup M1$;

14)   end;

15)   Scan the database $T[1]$ for the itemsets x $(x\subseteq L''\bigcup M2))$;

16)   if sup(x)minSup

17) $L_k = L_k \bigcup x$；

18)   else

19)   Calculate the support of itemsets in C_k with the tight bounds；

20)   if the low and upper limits of $M3(M3 \subseteq C_k)$ are the same；

21) $M4 = C_k - M3$；

22) $L_k = L_k \bigcup M3$；

23)   end；

24)   Scan the database $T[1]$ for the itemsets y in $M4$；

25)   If $\sup(y) \geqslant \text{minSup}$

26) $k_k = k_k \bigcup y$；

27)   end

28) end

Answer $L = \bigcup_k L_k$；

整个算法可以被分割为三个部分. 从步骤 1 到步骤 4, 首先发现在抽象层 1 上的频繁项集, 并使用它来对数据库 D 进行过滤而得到 $T[1]$. 如果数据库中在抽象层 1 上具有非频繁项集时, 这一过滤过程无疑会大大减少后续所需扫描的数据库大小. 从步骤 5 到步骤 17, 在抽象层 t 以下采用松紧约束来挖掘频繁项集, 而 t 为预先设定的需要采用松约束进行过滤的最高抽象层. 利用传统的 Apriori 算法中的 apriori_gen() 函数来充分利用向下封闭特性, 以此来裁减缩小搜索空间. 通过对松约束的使用可以选择出需要进行紧约束来计算其支持度的频繁项集. 这其中有一些项集具有相同的下约束和上约束, 因此可以直接决定其的支持度大小. 而对于那些无法决定支持度的项集, 则需要扫描整个数据库. 最后一部分为步骤 18 到最后. 在这部分中, 由于松约束已经过于松了, 因此只需要直接用紧约束计算, 对于那些不能确定支持度的项集则扫描数据库. 综上所述, 使用松紧约束可以实现高效的挖掘频繁项集.

　4) 试验

为了研究 LTB 算法的有效性,利用一台主频 1 GHz,内存为 128 M的 Pentium PC,在 VB 平台下通过编程来验证.

试验中所使用的数据库是利用文[161]中相似的随机项集产生算法而生成的. 表 4.13 中就描述了所使用的数据库,其中 T 是可以随机选择的元素的数量,而 N 是所生成的事务中项集的平均大小.

表 4.13 试验数据集

Datebase	N	T	Size of transactions
1	2	5	100 K
2	3		100 K

通过 LTB 算法与经典的 Apriori 算法的比较来表明 LTB 算法的实际使用效果.

图 4.12(a)和(b)所描述的是在特定的数据库下(数据库 1 和数据库 2),随着事务数量的不断增加,当支持度阈值 minSup 为 20％时,这两种算法的性能比较. 当 minSup 为 40％时,这两种算法的性能比较表示在图 4.12(c)和(d)中. 经过比较可以发现,当 $n=2$ 时,LTB 算

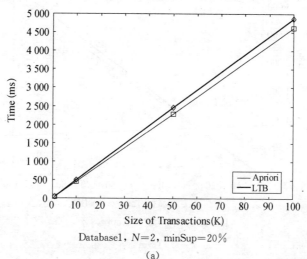

Database1, $N=2$, minSup$=20$％

(a)

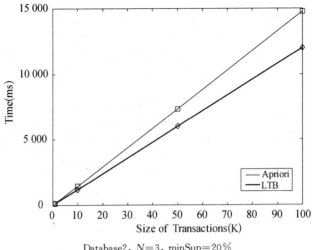

Database2，$N=3$，minSup=20%

（b）

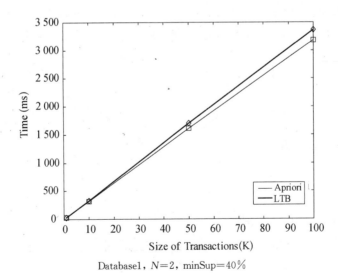

Database1，$N=2$，minSup=40%

（c）

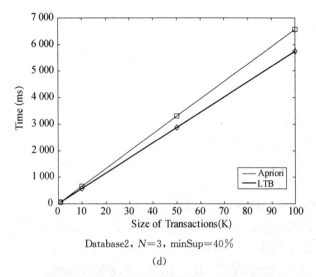

Database2, $N=3$, minSup$=40\%$

(d)

图 4.12   性能比较: LTB 算法与 Apriori 算法

法的效率相比 Apriori 算法要低 6%(minSup$=20\%$)和 3%(minSup$=$
40%).这其中的原因在于当 N 很小时,计算紧约束并不能达到预定
的效果,随后仍需要扫描数据库,因此浪费了一定量的时间. 当 $n=3$
时,LTB 算法的效率相比 Apriori 算法要高 20%(minSup$=20\%$)和
12%(minSup$=40\%$). 这是因为利用紧约束确定了一些候选频繁项
集的支持度大小,从而减少了扫描数据库的工作量. 由于在实际应用
中 N 通常很大且数据库的大小也很大,因此使用 LTB 算法一定能达
到很好的效果.

　　综上所述,对于机械制造过程中存储数据的大型数据库,采用所
提出的 LTB 算法能够在尽可能少的数据库扫描次数的基础上高效地
挖掘出频繁项集,性能优于经典的 Apriori 算法.

4.9　采用频繁闭项集格来挖掘关联规则

　　对于机械制造过程的决策者来说,以上章节在关联规则领域中

的大量研究都只是关注于如何快速、高效地获得频繁项集. 而决策者
所需要的往往则是在这些频繁项集的基础上经过分析处理所得到
的、简洁的规则集合. 事实上,频繁项集的获取和后续关联规则的产
生并不能分裂开来,应该是一个整体. 在 4.7 节中,已经在 Galois 连
接[202]的基础上引入了频繁闭项集. 本节中,为了更有效、直接地挖掘
关联规则作者提出频繁闭项集格.

定义 5(频繁闭项集格):利用闭项集中所包含的所有频繁项集
C' 建立一个概念格 $(C', \leqslant)$,并称之为频繁闭项集格.

这个概念格具有以下特点:

1. 它是由频繁项集所组成的,但与频繁项集格相比要简单得多;
2. 频繁闭项集格中任一项集的子项集都是频繁项集;
3. 由频繁闭项集格,可以直接获得关联规则;

1)用 Apriori 型的 FCIL 算法建立频繁闭项集格

由于频繁闭项集格具有反单调的特性,所以可以采用 Apriori 型
的算法来建立它. 假设拥有一个只有六条事务集合的数据库(表
4.14),在第二列中列举的是事务集合所包含的项.

表 4.14 事务集合

	Item		Item
1	A C T W	4	A C D W
2	C D W	5	A C D T W
3	A C T W	6	C D T

现在就可以依照事务集合开始建立频繁闭项集格. 通常,总是习
惯于根据字母的顺序来为概念层上的项集进行排序,但如今实践证
明如果能够采用某种特殊的方式来进行排序,将会大大提高整个算
法处理的速度和效率. 在本研究中,沿用了文[190]中所提出的基于支
持度的排序方法.

基于层层递进的 Apriori 算法被证明是关联规则挖掘领域里一

个非常有效的方法. 所以以之为基础，提出以下 FCIL 算法（Frequent Closed Itemsets Lattice algorithm）.

FCIL algorithm：

Input：$T[1]$（in ascend order），minSup is the minimum support threshold and function $t(x)$ represents the transactions that contain x.

Output：frequent closed itemsets lattice

1) $L1=\{$large 1-itemsets $X1 \times t(X1)$ in ascend order$\}$；
2) $T[2]=$order $T[1]$ according to $L1$；
3) Construct the lattice of level－1；
4) for $(k=2; L_{k-1} \neq \phi; k++)$
5) $C_k=$apriori_gen (L_{k-1}) where $L_k=L_{k-1} \bigcup L_{k-1}, t(L_k)= t(L_{k-1}) \bigcap t(L_{k-1})$；
6) forall transactions $t \in T[2]$
7) $C_t=$subset(C_k, t)；
8) forall candidates $c \in C_t$ do
9) $c.$ count$++$；
10) end
11) end
12) $L_k=\{c \in C_k | c.$ count$\geqslant$minSup$\}$；
13) if $t(x)=t(y)$ where $x \in L_k$, $y \in L_{k-1}$
14) add the item to the lattice and connect them；
15) else add the item to the lattice；
16) end
17) end

Return the frequent closed itemsets lattice

使用 FCIL 算法，很容易就能建立由表一所构成的频繁闭项集格（图 4.13）. 随后可以把具有相同支持度的项集列在一个{ }中，在其后

的()中列举了包含其的事务序列名. 由此可得 {D，DC(2456)}，
{DW，DWC(245)}，{T，TC(1356)}，{TA，TW，TAW，TAC，
TWC，TAWC(135)}，{A，AW，AC，AWC(1345)}，{W，WC
(12345)} and {C(123456)}.

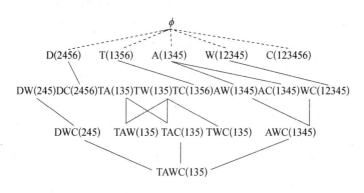

图 4.13   所构建的频繁闭项集格

2) 关联规则的形成

在建立完频繁闭项集格之后，就试图由这个结构直接形成关联规则. 关联规则通常可以被分为两类. 对于规则 $I1 \rightarrow I2 - I1$ 来说，如果项集 $I1$ 和 $I2$ 位于同一个闭项集中，那么这条规则的置信度为 1，这类规则被称为绝对规则. 当 $I1$ 和 $I2$ 位于不同的闭项集中时，则这一类的规则被称为近似规则. 它需要在计算置信度之后，通过与置信度阈值进行比较来判断是否是所需要挖掘的关联规则. 在接下来的文章中，采用符号 $\Rightarrow$ 和 $\rightarrow$ 来分别表示绝对关联规则和近似关联规则，并在规则后的括号里显示该规则的置信度.

这时，需要利用以下的推理技术，才能使得信息性规则的获取过程变得直接化.

A. 所谓信息性规则意味着我们依靠它就能够推理出其他规则，此时以下情形需要特别注意：

Ⅰ. 如果规则的前项相同，那么具有最大后项的规则为信息性

规则;

Ⅱ. 如果规则的前项与后项逻辑乘积和相同,那么具有最小前项的规则为信息性规则;

B. 可以利用文[202]中所描述的 Guigues-Duquenne basis 和 Luxenburger basis 来对候选规则进行筛减.

(1) Guigues-Duquenne basis:

Ⅰ. X⇒Y, W⇒Z |→ XW⇒YZ

Ⅱ. X⇒Y, Y⇒Z |→ X⇒Z

由此还可以得到:X→Y, Y⇒Z |→ X→Z

(2) Luxenburger basis:

Ⅰ. 当函数 close()意味着项集 x 的闭集时,关联规则 X→Y 与 close(X)→close(Y)具有相同的支持度和置信度.

Ⅱ. 对于闭项集 $I1$, $I2$ 和 $I3$ 而言,当 $I1 \subseteq I2 \subseteq I3$ 时,规则 $I1→I3$ 的置信度等于规则 $I1→I2$ 的置信度与规则 $I2→I3$ 置信度的乘积,而其的支持度就等于规则 $I2→I3$ 的支持度.

(3) 当出现两条等效规则时,即两条规则的前项以及前后项的逻辑乘积的支持度都相等时,可以根据预先设定的升序排序法去除其中的一个.

在分析中,作者认为可以先分别得出近似关联规则类和绝对关联规则类中的信息化规则,然后再根据以上推理规则,在比较的基础上得到最终的结果.

以表 4.14 中所列的简单数据库为例,得到的信息化关联规则是 C→W(5/6), W→AC(0.8), D⇒C, T⇒C 和 TW⇒AC.

值得注意的是,与传统的算法不同,本算法不会先产生类似于 W→A 的规则,然后再通过与 W→AC 比较来确定筛减它. 按照频繁闭项集格和以上所描述的推理规则,可以直接地得到 W→AC. 因为这条规则是由一个闭项集中的最小项集与另一个闭项集中的最大项集组成的规则,可以确信它能覆盖类似于 W→A 这样的规则.

　　通过以上例子的分析,可以得出结论:当把推理技术融入频繁闭项集格之后,关联规则的整个挖掘过程变得系统化、直接化、高效化.

　　3)模糊频繁闭项集格

　　由于制造过程中数据所存在的模糊性,所以需要对精确的频繁闭项集格进行拓展.

　　事实上,当数据库中的数据所具有的相关性越高时,所能挖掘出的关联规则也就越多. 这时,与频繁项集相比,频繁闭项集所采用的结构则无疑显得紧凑得多. 然而,经常还会发现以下的情形:除了极个别的情况之外,项集 A 和项集 B 几乎同时出现在数据库内相同的交易事务之中. 例如:

　　Case 1:$|A|=|B|$,意味着它们一直同时出现.

　　Case 2:$|A|=|B|-n$,意味着包含项集 A 的事务集是包含项集 B 的事务集的子集.

　　根据以上的定义,当项集 A、B 都是频繁项集时,在 Case 1 的情形下,项集 A 和 B 将无疑处于同一个频繁闭项集中. 虽然频繁闭项集是一个高效、简明的表示方法,但是由于在相等条件上的过于严格,会随之浪费大量的时间和精力. 根据机械制造过程中数据的模糊性,所以以频繁闭项集为基础,可以提出一种比较松的简明表示方法,即 ε-adequate 表示方法. 其思想核心在于在保证效率的基础上通过牺牲一部分精度来节约时间和精力.

　　为此,作者提出模糊频繁闭项集格的概念. 即当频繁项集 X 和 Y 在数据内交易事务中出现次数的差,即 sup(X) 与 sup($X\bigcup\{Y\}$) 的差小于预先设定的阈值 δ 时,就可以把它们包含在同一个频繁闭项集中. 当 $\delta=0$ 时,模糊频繁闭项集就退化到了频繁闭项集的形式. 根据模糊频繁闭项集,我们可以构建相应的概念格来用于关联规则的挖掘. 此时,对于以上的 FCIL 算法,只需把步骤 13 改成步骤 $13'$:if $|t(x)-t(y)|\leqslant\delta$ where $x\in L_{k-1}$, $y\in L_k$,就可以构建模糊频繁闭项集格了.

4）试验

为了研究 FCIL 算法的有效性,利用一台主频 1 GHz,内存为 128 M 的 Pentium PC,在 VB 平台下通过编程来验证.

试验中所使用的数据库同样也是利用文[161] 中相似的随机项集产生算法而生成的. 其中,可以随机选择的元素数量 T 为 5;在所生成的事务中,项集的平均大小 N 为 3,数据库的大小为 10 K;预先设定的 minSup 为 70%.

试验表明,如果采用传统的 Apriori 算法,所构建的频繁项集格中共有 35 条联接. 而当采用 FCIL 算法建立频繁闭项集格时,联接只有 17 条. 在建立完概念格之后,就开始关联规则的挖掘. 对于 Apriori 算法来说,可以先产生所有的候选规则,然后通过推理技术筛除那些没有用的规则. 当使用 FCIL 算法时,在已经建立了频繁闭项集格之后,就可以直接得到绝对关联规则和近似管理规则. 这时,推理技术只是被用来检验是否有一些绝对关联规则已经被一些近似关联规则所包含. 由此可见,采用这种新的算法,不但是创建候选项集的时间,而且后续筛减非信息化规则的时间也大大减少. 整个试验的结果见表 4.15. 由于频繁项集的挖掘时间是相等的,所以表中时间列所列的是在获得频繁项集之后得到关联规则所需要的时间. 试验表明,新算法大大提高了关联规则挖掘的效率. 在实践中,当 N 变大时,增效的现象将更加明显.

表 4.15 试验结果

Algorithm	Connections	Candidate Rules	(Exact+Approximation)Rules	Result Rules	Time(ms)
Apriori	35	43		3	13
FCIL	17		7+5		2

综上所述,通过频繁闭项集格的建立并辅之以推理技术能够直接地、高效地获得关联规则.

4. 10　本章小结

　　本章对知识发现中的一种具有代表性的方法——关联规则进行了研究和探索. 针对机械制造过程中,待分析的数据源所具有的多参数、多层次的特点,提出了 A‐ML‐T2 算法,不但实现了多层关联规则的挖掘,并且解决了所发现的信息丢失问题. 提出了 Tough 型约束下频繁项集的挖掘算法,不但实现了 Tough 型约束与 Apriori 型算法的融合,而且解决了从为机械制造过程服务的数据库或数据仓库中挖掘关联规则时所需添加约束的实际需要. 提出了 Tough 型约束下频繁闭项集的挖掘算法,实现了用尽可能少的子集来描述在机械制造过程数据库中所发现的、满足约束的大量频繁项集. 提出了松紧约束法,通过尽可能少的数据库扫描次数,在尽可能短的时间内高效地实现了频繁项集的挖掘. 提出了频繁闭项集格,并辅之以推理技术,高效直接地挖掘到了机械制造过程决策者所需要的精简规则. 最终,通过编程对所设计的算法进行了实验验证. 关联规则对于机械制造过程中的知识挖掘是非常适用的,作者研究的上述成果对提高知识发现的速度和精度有着重要作用.

第五章 基于知识的机械制造设备状态 在线监测系统的设计方法研究

5.1 基于知识的机械制造设备状态在线监测系统设计方法

系统设计究其本质是一个知识的处理过程[209~214](图 5.1). 系统的输入是各项设计要求、所掌握的现有知识和相应的约束条件,输出则是各种设计结果如设计方案等. 整个设计过程是一个螺旋上升的反复过程,而各种关于设计结果的反馈信息,实践中所得出的经验和知识无疑推动了整个系统的不断完善和发展.

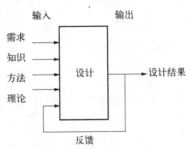

图 5.1 系统设计过程

从系统工程的角度来看,系统设计是一个由时间维、逻辑维和方法维所组成的三维系统(图 5.2).时间维反映按时间顺序的设计工作阶段;逻辑维是解决问题的逻辑步骤;方法维是指设计过程中的各种思维方法和工作方法.设计过程中的每一个行为都可以反映为这个三维空间中的一个三棱锥.

在系统化的设计方法中,最常用的是功能分析法.通过将复杂系统的总功能分解化为简单的功能元求解,再进行组合,来得到系统的多种解法. 功能分析法的主要设计步骤和各个阶段所采用的主要方法如图 5.3.

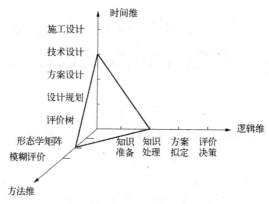

图 5.2　系统设计三维系统

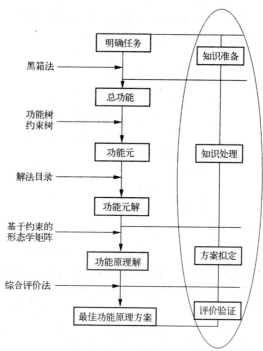

图 5.3　功能分析法

从知识的角度来看,整个的设计过程可以抽象为知识准备、知识处理、方案拟定和评价与验证这四个阶段.

5.1.1 知识准备阶段

在知识准备阶段,可以把所需要设计的整个系统看作为一个黑箱.系统的输出是能够满足设备状态在线监测需要的系统,输入则是现有的关于设备状态在线监测活动的所有知识.这些知识分散在设备的设计者、状态在线监测领域专家和设备的操作维护者中间.

1. 设备设计者所拥有的知识

任何一台设备的设计都经历过反复的设计、试验、论证、优化的过程,所以设备的设计者无疑掌握了大量一手的资料,他们拥有整个设备的设计图纸、计算分析结果,了解设备中的各个元件的详细工作原理和通常情况下的工况,通过疲劳试验等了解设备的寿命以及主要故障发生的部位和原因.虽然在产品说明书中常附有设备会出现的常见故障和主要维修方法,但大量的关于设备的数据存储在设备生产商的计算机数据库中,大量有用的知识存在于设计者的大脑中.只有通过和设备制造厂商联系才能获得有关的研究数据,只有和设计者展开讨论,才会使这些重要的隐性知识显性化.设备设计者在设计过程中拥有的主要知识类型见图5.4[215].

对于设备状态在线监测系统的设计者来说,设备设计者需要贡献的主要知识包括:

1)关于设备工作机理的知识;

2)关于设备逻辑性的知识;

3)关于设备时序方面的知识;

4)设备的主要性能指标,包括速度,精度,可靠性等等;

5)设备的主要失效模式和失效产生的部位以及原因.

2. 设备操作维护者所拥有的知识

与设备设计者所拥有的关于设备的常规知识不同,设备操作维护者所拥有的是在特定的工作环境下,特定的工作模式下,设备运行情况的知识. 他们拥有的知识具有直接性,不但有利于在状态在线监测系统的设计过程中缩小方案空间的搜索范围,而且可以通过提供很多设备特征来帮助整个系统设计的开展(图 5.5).

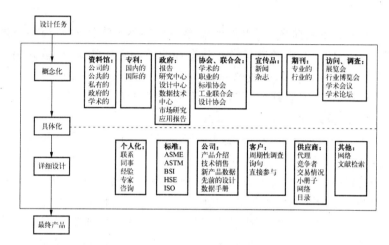

图 5.4　设备设计者拥有的主要知识类型

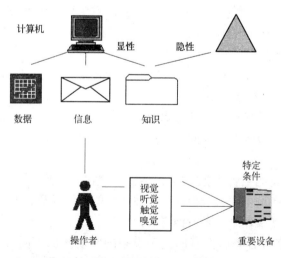

图 5.5　设备操作维护者所拥有的知识

设备操作维护者由于长时间地与运行中的设备接触，他们利用人类所特有的强大的视觉、听觉、触觉和嗅觉等感观功能来了解设备的工作情况. 比如，一些有经验的技术工人利用耳朵或借助听筒就能分辨出声音中的异常信息[216, 217]，从而识别出设备所发生的问题. 他们所拥有的数据、信息和知识都是关于设备的重要资源，通常可以被计算机所存储. 但是，值得注意的是，很多隐性知识如经验是无法用语言来描述的，因此常常容易随着人的流动而造成知识的遗失.

设备操作维护者可以为状态在线监测系统的设计提供以下知识：

1）设备在实际使用过程中，经常发生故障的部位；

2）设备发生故障的频率；

3）人所能感受到的故障即将到来时的征兆和特征；

4）发生故障后，在设备维修时所能观测到的故障发生处的特征；

5）根据经验，引起故障的可能原因和解决方法.

3. 状态在线监测领域专家所拥有的知识

如果说设备设计者和设备操作者所拥有的知识是开展状态在线监测的基础，那么状态在线监测领域专家所拥有的知识则是整个活动开展的保障. 在状态在线监测系统的构成过程中，状态在线监测专家的主要任务可以由图5.6来描述.

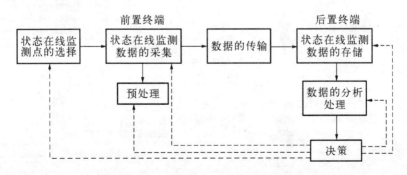

图 5.6　状态在线监测领域专家的主要任务

　　状态在线监测专家是那些对如何开展状态在线监测有着丰富经验的技术人员. 这些专家在机械、电子、控制、通信、计算机、人工智能、数据分析处理等领域有着广博的知识,他们掌握了开展状态在线监测所需的核心技术,有着构建状态在线监测系统的相关经验.

　　状态在线监测领域专家需要为设备状态在线监测系统的设计提供以下知识:

　　1) 状态在线监测点的选择;

　　2) 监测数据的采集、传输和数据的存储;

　　3) 监测数据的后续分析处理;

　　4) 根据处理的结果来对设备的工况进行判断和决策;

　　5) 为降低故障,提高设备的工作效率提出相应的建议和改进措施.

　　综上所述,设备的设计者、设备的操作维护者和状态在线监测领域专家拥有了开展设备状态在线监测所需要的知识(图 5.7). 他们所

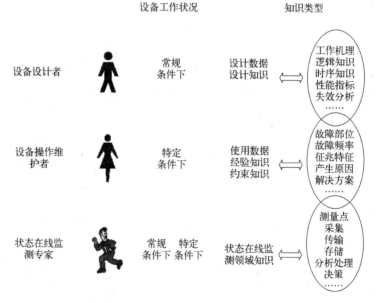

图 5.7　开展状态在线监测所需的现有知识

拥有的知识链通过联结,就构成了设备状态在线监测系统设计的知识空间的基础. 从他们那里收集和准备知识对于开展整个状态在线监测系统的设计起着至关重要的作用.

为了满足机械制造过程状态在线监测的需要,必须充分综合、利用这些现有知识,并在此基础上进行知识创新. 为此,作者认为需要,可以建立一个促进知识共享进而知识创新的、网络化的状态在线监测工作联盟.

联盟是促进团队中的成员通过资源和知识的共享和创新来支持合作化的社会结构. 在不同类型的实践中产生了不同的联盟,每一个联盟都具有唯一性. 通常有两种类型的联盟:实践联盟[10, 87, 88, 92, 218~220]和工作联盟.

(1) 实践联盟(Community of Practice)

实践联盟是由在一个特定的领域里从事相类似工作的实践者所组成的. 例如,主要从事设备维修的技术人员经常在一起交流他们在设备维修过程中,在解决问题时所获得的经验,从而就组成了一个实践联盟. 在实践联盟中所采取的是一种周边渐进至核心参与的学习历程. 这是一种典型的学徒制模型,新来者从边界加入到一个联盟中去,随着他们越来越有知识从而移动到了核心位置.

实践联盟的优势在于与相同领域的人交流能充分利用共享化的背景. 一个被所有成员所接受的、公认的专门化技术中心以及能到达这个中心的明显途径使得人们可以把实践联盟里的成员分为新手、中间人和专家三大类. 这些可变化的概念与人相联系,并为周边渐进至核心参与成为一种切实可行的学习策略创造了基础和条件. 在一个实践联盟里,有很多可能的路径和不同的角色. 随着时间的推移,大多数成员都逐渐向中心移动,他们的知识也成了联盟内共享环境的基础.

(2) 工作联盟(Community of Work)

工作联盟是根据工作的实际需要,为了解决一个特定的问题而把来自不同的实践联盟里的成员集合在一起所形成的组织. 工作联盟可以被视为联盟之间的联盟,或者由各个联盟的代表所组成的联盟.

工作联盟中的利益共享者被认为是其中的决策参与者,他们既不是纯粹的专家也不是纯粹的新手,而是两者的结合体:当他们向别人交流他们的知识时,他们就是专家;当他们从他们所拥有的知识领域之外的专家那里学习知识时,他们就是新手.

工作联盟的优势在于它的创造力,成员所具有的不同背景和不同观点无疑有利于创造出新的见解.如果一个工作联盟能够充分挖掘不对称的无知来作为合作化创造力的资源,那么它将比一个简单的实践联盟更具有创新能力和转化能力.

毫无疑问,为了解决机械制造过程中不断涌现的新问题,建立工作联盟是非常有必要的.

(3) 设备状态在线监测工作联盟的建立

建立设备状态在线监测工作联盟时,有个联盟盟主的问题.联盟盟主不但确立了谁是整个联盟建立的发起者,而且明确了谁是整个联盟建立后所获得利益的主要收益人.

在设备状态在线监测工作联盟中,常见的联盟盟主有:

1) 设备制造商:为了满足设备不断完善发展的需要,建立相应的工作联盟.可以获得设备使用者在使用过程中所获得的知识,以及状态在线监测专家的经验、意见和建议,从而为进一步提供良好的产品服务和产品创新创造了条件;

2) 设备使用者:由于设备实际工作情况的复杂性,所以经常会遇到一些无法预见的、现有技术人员所掌握知识不能解决的问题.这时,通过工作联盟就能很快地获得设备设计者和状态在线监测专家技术上的支持和帮助,不但可以尽快地解决问题,而且可以发现问题的实质原因,通过加强监测来防微杜渐,避免故障的重复发生;

3) 监控系统运营商:由于设备监控是一项非常复杂的、知识密集型的工作,所以会出现设备制造商在出售设备后只提供维修服务而不提供设备状态监控服务,而设备使用者想实施但又由于技术力量薄弱无法实现设备监控的问题.这时,监控系统运营商就应运而生.他既为设备使用者解决了工作中所遇到的实际问题,又能成为设备制造商的合作伙伴,或者把所获得的知识有偿的出售给设备制造者.

联盟的盟主为了吸引其他盟友的加入,通常会有相应的激励或奖励机制.值得注意的是,无论谁作为联盟盟主,相应的设计者才是整个工作联盟以及整个设备状态在线监测系统的真正设计和实施者.

图 5.8 就是根据设备状态在线监测的需要,由设备的设计者、设备的操作维护者和状态在线监测领域专家这三个实践联盟所建立的工作联盟.

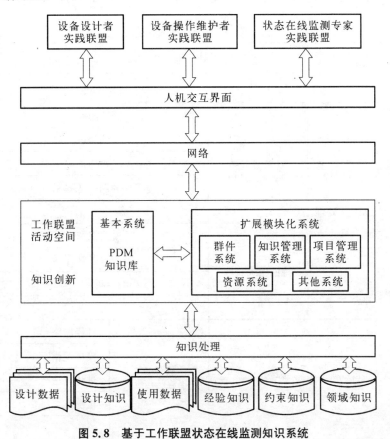

图 5.8 基于工作联盟状态在线监测知识系统

5.1.2 知识处理阶段

通过知识准备阶段能够获得大量现有的,对开展设备状态在线监测有用的数据、信息和知识. 而在知识处理阶段,则是要通过对这些数据、信息和知识的分析来实现:(1) 数据的预处理(数据的去噪,信息的特征提取);(2) 知识挖掘(从原先拥有的数据中提炼出能够帮助解决实际问题的知识);(3) 对知识加以整理、归类,建立知识库为实现知识的进一步共享、重用和创新创造良好的环境和技术条件. 常见的知识处理方法见表 5.1.

表 5.1 知识处理方法

<table>
<tr><td colspan="4" align="center">知 识 处 理 阶 段</td></tr>
<tr><td colspan="2" align="center">内　容</td><td colspan="2" align="center">方　法</td></tr>
<tr><td rowspan="9">数据的预处理</td><td rowspan="5">数据的去噪</td><td colspan="2">高斯滤波</td></tr>
<tr><td colspan="2">系统辨识</td></tr>
<tr><td colspan="2">三次样条</td></tr>
<tr><td colspan="2">递归神经网络(GRNN)</td></tr>
<tr><td colspan="2">……</td></tr>
<tr><td rowspan="4">特征模式获取</td><td colspan="2">模式识别</td></tr>
<tr><td colspan="2">多传感器融合</td></tr>
<tr><td colspan="2">小波分析[221~225]</td></tr>
<tr><td colspan="2">……</td></tr>
<tr><td rowspan="5">知识挖掘[226~228]</td><td rowspan="5">软计算方法[229~236]</td><td>神经网络[237~242]</td></tr>
<tr><td>模糊逻辑[243~251]</td></tr>
<tr><td>进化算法[252~254]</td></tr>
<tr><td>粗糙集</td></tr>
<tr><td>……</td></tr>
</table>

知　识　处　理　阶　段		
内　　容	方　　法	
知识挖掘[226~228]	统计规则方法	分类规则[255~267]
		聚类规则[268~272]
		关联规则
		预测规则
		……
知识库的建立	知识索引和提取系统(KI&R System)[273~274]	
	……	

5.1.3　方案拟定

经过以上知识准备和知识处理阶段,已经获得了所设计对象的有用知识. 在这些知识的基础上,就可以得到所设计系统各个功能分解的系统功能解,从而构成形态学矩阵.

除了形态学矩阵之外,由于状态在线监测系统实施对象具体设备的工作条件和厂家的具体要求等,还需要添加多条边界约束条件. 这些约束条件包括技术约束和经济约束. 这些约束条件可以构成相应的约束矩阵,它和以上的形态学矩阵一起就构成了基于约束的形态学矩阵.

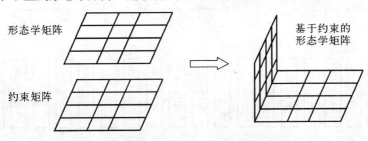

图 5.9　基于约束的形态学矩阵

5.1.4 评价与验证

在建立了基于约束的形态学矩阵之后,需要通过建立相应的评价系统[275~283]来对各种方案作出评价.

1. 基于知识的机械制造设备状态在线监测系统的评价指标

对于基于知识的机械制造设备状态在线监测系统,评价指标可以分为以下三类:

(1) 经济指标:包含整个状态在线监测项目开展所需要的投入,项目开发完后实际使用中所需要的费用.还有一个需要考虑的就是项目的研发速度,因为项目研发的缓慢会使现有的问题为企业带来损失,因而属于间接的经济性指标.

(2) 功能性指标:从技术角度来衡量系统的各项性能,如系统的稳定性、安全性、精度,易于操作性、人性化,与现场工作的适应性、动态性、易于维护性等;

(3) 知识性指标:由于整个状态在线监测系统的设计过程是围绕着知识而展开的,因此需要从知识的视角来评价系统的一些性能如系统是否具有创新性,系统的智能化程度,系统的可理解性以及进一步推广的可能性等等.

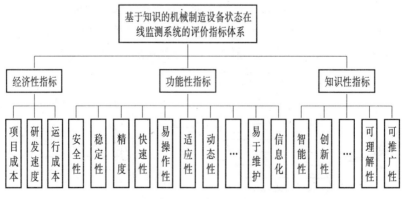

图 5.10 评价指标

2. 基于知识的机械制造设备状态在线监测系统的评价系统

整个评价系统包括以下这几个模块：

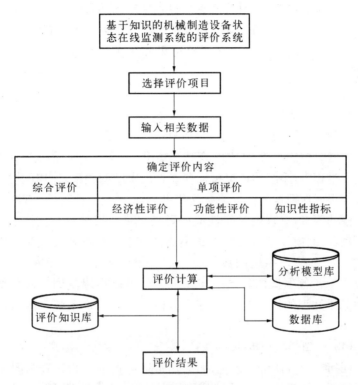

图 5.11　基于知识的机械制造设备状态在线监测系统评价系统

（1）选择评价项目：参照形态学矩阵，确定机械制造设备状态在线监测系统的候选方案；

（2）输入相关数据：提供评价时所需的各种信息，各项主要参数和参照值；

（3）确定评价内容：明确所关注的是所设计系统的何种评价；

（4）分析模型库：包括了多种可用于分析评价的方法模型；

（5）评价计算：采用所选用的方法对候选方案进行评价，并比较；

（6）数据库：对评价过程起到辅助作用的一些相关信息和数据；

（7）评价知识库：保存在评价过程中得出的有用知识，有助于下次设计活动的开展. 通过现有知识对现存问题提出建议和解决方案；

（8）评价结果：将最终评价结果和相关的修改意见呈现给设计者；

3. 评价方法

目前用于进行各类评价的方法很多，有经济分析法、专家咨询法、加权平均法、成本效益法、价值分析法、模糊评价法、层次分析法、灰色关联分析法等等[284~296]. 在基于知识的机械制造设备状态在线监测设计过程中，系统的评价指标存在着层次结构关系，通用的层次分析法能很好地把这种层次关系反映出来. 此外，由于系统中存在着许多模糊的因素，仅仅通过定性值或者是定量值很难对系统性能直接进行判断. 而模糊评价法中的隶属函数和隶属度的概念正是针对这种模糊因子，它以精确的数学语言描述定性或不确定因素的方法，解决了统一各项指标量纲的问题. 因此，可以采用模糊层次分析法作为基于知识的机械制造设备状态在线监测评价系统中的核心评价方法.

（1）模糊层次分析法

任何一个待评价的系统，无论其如何复杂，都可以表现为图 5.12 所示的评价树系统. 评价树的深度和宽度以及每一层的具体构成可以根据层次分析法来确定. 而 K 层上父节点与 $K+1$ 层上与之相连的子节点之间的关系分析计算则需要采用模糊评价法.

评价树中的所有节点都可以用图 5.13 的评价单元来表示.

$$U_k = \{\text{Node}_{k+1,1}, \text{Node}_{k+1,2}, \cdots, \text{Node}_{k+1,m}\}.$$

第 K 层和第 $K+1$ 层之间的权系数向量为 $A_{k,K+1} = \{a_{k,k+1,1}, a_{k,k+1,2}, \cdots, a_{k,k+1,m}\}$，其中 $a_{k,k+1,u} \geqslant 0$ 且 $\sum_{u=1}^{m} a_{k,k+1,u} = 1$.

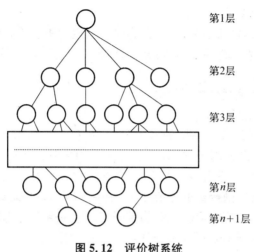

图 5.12　评价树系统

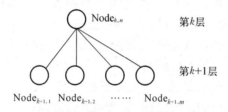

图 5.13　评价单元

设 $\mathrm{Node}_{k,n}$ 在 $U_k \times C$（C 为有限个评价对象集，且 $C = \{C_1, C_2, \cdots, C_n\}$）上的评价矩阵为 $R_{k,k+1} = [r_{k,k+1,u}]_{m \times n}$，$r_{k,k+1,u} \in [0, 1]$，则 $U_k \times C$ 上的模糊综合评价结果为 $B_k = A_{k,k+1} \cdot R_{k,k+1} = (b_{k,1}, b_{k,2}, \cdots, b_{k,n})$，其中 $b_{k,j}$ 为 $U_k \times C$ 上评价对象 $C_j \in C$ 的模糊综合评价.

通过模糊层次分析法，可以解决分析评价中由所存在的诸多具有模糊性的因素所造成的影响，但其仍存在以下问题：

1）在评价过程中，可能会遇到信息不完全或不充分的问题；

2）模糊层次分析法的计算量很大；

3）模糊层次分析法是一种间接的评价方法，在"特征化"的过程中可能会导致信息丢失；

4）运用模糊层次分析法时，有时会出现自相矛盾的情况.

经过研究发现，灰色关联分析评价方法是另外一种可以作为补充的评价方法[295, 296].

（2）灰色关联分析评价法

1）灰色关联分析

灰色关联是灰色系统的根本概念. 灰色关联是指事物之间的不确定关联，或系统因子之间，因子与主行为之间的不确定关联. 灰色关联简称灰关联. 利用灰关联的概念可以和方法可以进行① 灰关联分析；② 定义离散函数的光滑度；③ 检验 GM(1，1)或 GM(1，N)模型的精度；④ 确定 GM(1，N)的因子集；⑤ 在历史对比的基础上，用灰关联进行预测；⑥ 用灰关联分析，对状态进行评估.

2）按灰关联构造多因素控制器等

灰色控制理论考虑了传统因素分析方法及模糊理论处理的不足，采用关联度分析的方法来做系统分析. 灰色关联分析的基本任务是基于行为的微观或宏观几何接近，以分析和确定因子间的影响程度或因子对主行为的贡献测度.

灰色系统分析是按照系统中各特征参量系列之间的相似程度用数学理论所进行的系统分析. 与其他分析方法相比，灰关联分析具有对数据列不要求大样本的典型分布，计算简单易行，一般不会与定性分析产生相矛盾的结果等特点. 灰关联分析的关键是灰关联的建立. 关联度是体现事物间关联程度的量. 在一个系统中，系统各因素之间是彼此相互作用、相互抑制、相互依赖的，如何充分定量反映因素间的这种相关程度是建立关联度的根本所在.

3）灰色关联分析模型

设参考数据列为：$x_0 = [x_0(1), x_0(2), x_0(3), \cdots, x_0(n)]$与参考数列进行比较的数据列为：

$$x_1 = [x_1(1), x_1(2), x_1(3), \cdots, x_1(n)]$$

$$x_2 = [x_2(1), x_2(2), x_2(3), \cdots, x_2(n)]$$

···

$$x_m = \left[x_m(1),\ x_m(2),\ x_m(3),\ \cdots,\ x_m(n)\right]$$

关联性实际上是曲线间几何形状的差别,因此可以将曲线间差值的大小,作为关联程度的衡量尺度. 定义一下点关联系数的计算公式:

$$\xi_i(k) = \gamma(x_0(k),\ x_i(k))$$

$$= \frac{\min\limits_{i\in m}\min\limits_{k\in n}|\ x_0(k)-x_i(k)\ |+\varsigma\cdot\max\limits_{i\in m}\max\limits_{k\in n}|\ x_0(k)-x_i(k)\ |}{|\ x_0(k)-x_i(k)\ |+\varsigma\cdot\max\limits_{i\in m}\max\limits_{k\in n}|\ x_0(k)-x_i(k)\ |}.$$

式中 $\xi_i(k)$ 为第 k 个时刻比较曲线 x_i 对于参考曲线 x_0 的相对差值,这种形式的相对差值称 x_i 对于 x_0 的在 k 时刻的关联系数. ς 为分辨系数,取值在 0 至 1 之间,一般取 0.5.

而 $\min\limits_{i\in m}\min\limits_{k\in n}|\ x_0(k)-x_i(k)\ |$ 称为两级(两个层次)的最小差.

第一层的最小差:$\Delta_i(\min) = \min\limits_{k\in n}|\ x_0(k)-x_i(k)\ |$ 是指在绝对差 $|\ x_0(k)-x_i(k)\ |$ 中按不同 k 值选其中最小者.

第二层次最小差:$\Delta(\min) = \min\limits_{i\in m}(\min(|\ x_0(k)-x_i(k)\ |))$ 是在 $\Delta_1(\min)$、$\Delta_2(\min)$、$\cdots$、$\Delta_m(\min)$ 中选取其中的最小者. 即 $\Delta_i(\min)$ 为遍历 k 选最小者,$\Delta(\min)$ 为遍历 i 选最小者.

而 $\max\limits_{i\in m}\max\limits_{k\in n}|\ x_0(k)-x_i(k)\ |$ 称为两级(两个层次)的最大差.

第一层的最大差:$\Delta_i(\max) = \max\limits_{k\in n}|\ x_0(k)-x_i(k)\ |$ 是指在绝对差 $|\ x_0(k)-x_i(k)\ |$ 中按不同 k 值选其中最大者.

第二层次最大差:$\Delta(\max) = \max\limits_{i\in m}(\max(|\ x_0(k)-x_i(k)\ |))$ 是在 $\Delta_1(\max)$、$\Delta_2(\max)$、$\cdots$、$\Delta_m(\max)$ 中选取其中的最大者. 即 $\Delta_i(\max)$ 为遍历 k 选最大者,$\Delta(\max)$ 为遍历 i 选最大者.

根据关联系数计算公式,关联度的计算公式如下:

$$\gamma_{0i} = \gamma(x_0,\ x_i) = \frac{1}{n}\sum_{k=1}^{n}\gamma[x_0(k),\ x_i(k)]$$

若将 $\gamma(x_0(k)，x_i(k))$ 用 $\xi_i(k)$ 代替，γ_{0i} 用 γ_i 代替，则 $\gamma_i = \dfrac{1}{n}\displaystyle\sum_{k=1}^{n}\xi_i(k)$.

4）加权灰关联分析模型

关联分析属于几何分析的范畴. 在灰关联分析中许多学者建立了各种关联分析和关联度的计算公式，并在实际应用中取得了良好效果. 如上面讨论的有关关联系数和关联度的公式. 它们着重从两条曲线之间的面积大小来度量两曲线的相似程度，从而忽略了曲线的变化趋势. 而且没有考虑各因子的权重差异，即按等权重处理.

在工程系统中，由于各相关因子在方案中的地位和作用是不同的，因此在进行灰关联分析时，需要在各因素之间取不同的权重，即加权系数：

$\gamma_i = \gamma(x_0，x_i) = \displaystyle\sum_{k=1}^{n}\beta_i \cdot \gamma[x_0(k)，x_i(k)]$，式中 β_k 为因子 k 常态化的权重系数.

5.2　设备状态在线监测系统需要知识管理

1. 知识是完成设备状态在线监测系统设计的关键

毫无疑问，设备状态在线监测系统的设计活动究其本质来说其实就是一个信息化和知识化的过程. 在确定了设计目标之后，首先就是知识准备. 从现有的知识库中获得显性知识，从相关的技术人员那里获得显性和隐性知识. 这些知识对于整个设计活动的启动是非常重要的. 但是，光有这些知识有时还不能满足系统设计的特定要求. 人们往往还需要从那些容易被人忽视，繁琐枯燥的数据库中发现客观存在的、潜在的、有用的知识，这就是知识挖掘活动. 知识挖掘就是为了发现那些隐含的知识，并用以不断的完善整个知识空间. 随着知识空间的不断完整，人们会发现他们不但对原先所设定的设计目标和其所包含的各项子功能有了更清楚的认识，而且解决各个子问题的方法也在慢慢形成,最终形成了功能树、约束树以及解法目录. 这时就可以构造基于约束的形态学矩阵,并采用相应的评价方法对各种候选方案进行评估,通过实现加以验证. 系统的建立并不是状态在线监测项目的终点,相反,它是一个起点. 因为,作为一个制品,它为产生新的知识提供了一个媒介,从而推动着整个系统不断向前发展. 由此可见,对于整个设备状态在线监测系统的设计来讲,知识是基础,知识是推动力,知识是媒介,知识起到了不可替代的作用.

2. 知识库以及知识索引和提取系统的建立

知识库的建立和使用对于系统设计过程以及后续设备状态在线监测活动的开展都是非常重要的. 表5.1中所列举的由概念模型所建立的知识索引和提取系统(KI&R System)为如何建立知识库提供了理论上的指导. 在设备状态在线监测中,由于工作条件的不断变化,不断会涌现新问题. 这时,人们首先需要去知识库中提取有用的知识. 通过与人合作,实现知识共享和知识创新,最终解决问题. 在解决完问题后,人们还需要把新知识存入到知识库中去或者对现有的知识记录进行修改和补充,也为将来的使用、创新提供条件. 在知识进出知识库的过程中,对于相同的文本,每个人可能有不同的解释,采用不同的抽象方法,从而抽象出不同的索引术语,进而上升到不同的高层概念(图5.14). 采用概念模型所建立的知识索引和提取系统无疑为知识的高效积累、知识的共享和知识的创造提供了一个良好的平台.

3. 设备状态在线监测系统需要知识管理

设备状态在线监测是一个时间跨度很长的工作,以上基于知识而建立的设备状态在线系统不仅是整个状态监测活动开展的开始,而且也是整个系统设计的开始. 在系统正常工作之后,设备的设计者由于设备在不断更新换代,研究开发在不断深入,因此会不断产生新知识;设备操作维护工程师每天都会接触到与设备工况相关的大量数据,不但需要去检索和重复使用现有知识,而且需要不断捕捉和创造新的知识;状态在线监测领域专家随着经验的不断丰富,新技术不

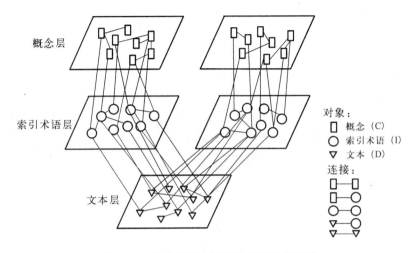

概念层

索引术语层

文本层

对象：
□ 概念（C）
○ 索引术语（I）
▽ 文本（D）

连接：
□—□
□—○
○—○
▽—○
▽—▽

图 5.14 多种索引方法所形成的概念模型

断涌现,也会有新的方法和知识来应用于状态在线监测. 这些知识需要被添加到知识库或对知识库里的现有知识进行修改和更新. 可是,不可避免的是由于各种主客观原因,很多知识都只被工程师的大脑所记忆. 众所周知,一个人所知道的知识要比他能说出来的知识要多,能说出来的要比能写下来的知识要多. 此外,人员的流动,即知识损耗也会带走对于状态在线监测活动至关重要的知识. 为此,需要有相应的管理制度来对知识加强管理,即开展知识管理活动.

在设备状态在线监测中开展知识管理包括共享现有知识和创造新的知识,目的在于不断完善现有的设备状态在线监测系统,不断推进状态在线监测工作的开展. 上述的设备状态在线监测系统设计方法对知识管理的开展提供了有益的支持.

（1）实践联盟和工作联盟的建立

当在状态在线监测的过程中发现问题时,会有很多原先从事不同工作的人们为了同一感兴趣的主题而集中到一起. 这就构成了实践联盟和工作联盟. 实践联盟采用的是周边渐进至核心参与的学习方法,所以有利于知识共享,而工作联盟是基于参与决策的学习方法,因此更有助于知识创新.

图 5.15 描绘的是实践联盟、工作联盟、边界对象和社会创造力之间的关系[92]. 大圆代表需要被勾画和解决的问题. 有四个实践联盟参加了这个合作化的问题解决活动,显然,他们虽然组成了一个工作联盟,但是所具有的知识和技能空间无法完全满足问题空间的需要. 然而,这些实践联盟之间通过合作和交流,形成合作化的制品并通过知识构建产物、创造知识,周而复始,最终形成社会创造力.

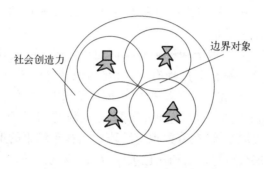

图 5.15 实践联盟、工作联盟、边界对象和社会创造力的关系

（2）知识库和专家库的建立

随着状态在线监测系统的不断发展,设备维护人员不但需要知道企业内现存在哪些知识,还需要知道知识存在于哪些人的大脑中以及它们所处的位置. 建立知识库的主要目的是为了知识的索引和提取,而根据概念模型而建立的,基于文本层、索引层和概念层的知识索引和提取系统无疑不但能够自动的构建知识库而且能够为知识检索提供方便. 通过术语和概念把知识库和专家库完全的联系起来,再以网络为基础通过群件系统建立一个开放的知识环境平台,辅之以人机交互界面,各种知识挖掘和知识发现工具,就完全构成了一个知识管理的技术空间.

（3）知识挖掘技术的应用

知识挖掘技术在状态在线监测中发挥着重要的作用. 设备状态在线监测是一项数据密集型、知识密集型的工作,因此不但当从数据中发现知识时需要用到知识挖掘技术,而且其在检索时的知识匹配以及在众多候选知识集合中进行最优选择时也有着广泛的应用.

5.3 本章小结

　　针对机械制造过程中设备状态在线监测的研究现状,指出了知识对于整个设计工作的重要作用,以及在机械制造设备状态在线监测系统设计中开展知识管理的需求. 提出了基于知识的,有利于知识创新的机械制造设备状态在线监测系统的设计方法. 它包括知识准备、知识处理、方案拟定和评价与验证四个步骤. 在知识准备阶段研究了如何发现、综合、利用现有知识;在知识处理阶段研究了数据的预处理、如何从原先拥有的数据中提炼出能够帮助解决实际问题的知识以及如何对知识加以整理、归类,建立新的、有利于知识创新的知识索引和提取系统;在方案拟定阶段建立基于约束的形态学矩阵;通过模糊分层分析评价法和灰色关联分析法对现有的备选方案进行分析比较.

第六章　风机轴承远程状态在线监测系统的设计

6.1　机械制造设备状态在线监测系统的需求

上海某钢铁有限公司厚板车间很早就开展了状态监测工作,并取得成效.但随着企业结构的调整,人员的调动,这一工作停滞了下来.考虑到设备(风机)对于生产制造过程的重要性、风机轴承的易损性,有必要继续开展设备的状态监测工作.通过对车间工作现场的考察和所掌握资料的分析和研究,发现企业在设备状态监测过程中存在以下问题:

1. 以前所开展的状态监测工作(点检方法)对于重要的,易发故障的设备来说监测周期过长,监测工作的自动化程度不够,受人为因素的影响较大,无法满足工厂的实际需要;

2. 由于状态监测大多是事后设计,所以在被监测设备上往往没有安装传感器及检测仪器的合适位置,因此往往只能间接地获得所关注对象的数据;

3. 由于开展状态在线监测活动所在的环境往往十分恶劣,所以不但对传感器、信号传输提出了更高的要求,而且提高了整个活动开展所需的成本;

4. 开展状态监测的设备维护人员的办公室离车间有很长的距离,无法实时通讯影响了状态监测的即时性;

5. 由于通常只能获得一些由各种信号源高度耦合的复杂数据,所以给后续的分析处理带来了很大的困难;

6. 对于传感器所采集到的数据缺乏先进、有效的处理方法,不但没有必要的分析和捕捉手段,而且缺乏对于突发性故障的察觉、报警能力;

7. 状态在线监测活动中新问题层出不穷,需要创造新知识来满足实际需求.

在现代制造业中,需要能够实时的、在线的、自动的实现对重要设备、重要参数的状态监测. 针对以上问题,作者采用第五章中所提出的基于知识的系统设计方法,设计一种新的、促进知识创新的机械制造设备状态在线监测系统.

6.2 知识准备阶段

在知识准备阶段,工作的目标是获得关于被监测设备(风机)和状态在线系统设计和评估的现有知识.

以设备状态在线监测系统的设计者为核心,为了方便设备设计者、企业设备维护工程师和状态在线监测领域专家之间的协作和交流,采用了定期面对面交流和不定期的网上交流. 这样就构成了一个工作联盟(图 6.1),这为状态在线监测系统的创新设计创造了条件.

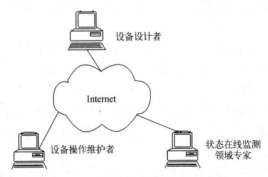

图 6.1 设备状态在线监测工作联盟

1. 设备维护经验知识

企业设备维护工程师提供了在过去几年里通过点检方式所采集的大量数据和她在工作期间所获得的知识. 她指出:

(1) 风机在南北向有两个轴承座,其中的轴承经常出现故障,而北向轴承坏的频率要比南向轴承高很多；

（2）当故障出现征兆时,通过点检她能发现轴承振动值有变大的趋势,依靠手摸机器外壳也能感受到温度有上升；

（3）由于点检的仪器很笨重,而且设备工作场所与办公室距离很远,所以不但不能获得及时的数据,而且无法捕捉到具体的故障特征；

（4）由于设备对于生产的重要性,所以在建立状态在线监测系统时不能对原有设备的任何结构作出改动；

（5）设备工作现场工作条件十分恶劣,环境温度高,噪声大,油污严重.厂家安全部门要求所搭建的状态在线监测系统必须严格符合安全规范.

2. 监测物理量的选择

对于被监测中的滚动轴承,其动特性的异常表现[297]如表 6.1 所示.

表 6.1　滚动轴承动特性

动特性的异常		推定的原因
温 升 大		异常负荷、游隙过小、润滑剂不良、润滑剂不足或过多、安装不良、异物侵入、蠕变
噪声	金 属 声	异常负荷、游隙过小、润滑、安装不良
	滚动摩擦声	发生滚动面打滑
	较低的滚动摩擦声	滚道面的碰伤
	规 则 声	滚道面的疲劳剥落、压痕、伤痕、锈蚀
	变化缓慢的规则声	游隙或损伤的变化
	不规则声	游隙过大、异物侵入、伤痕或疲劳剥落
振 动 大		滚道面的疲劳剥落、压痕、裂纹、异物混入、润滑不良、蚀损
轴的振摆		安装不良、游隙过大
润滑剂异常	泄 漏 大	润滑剂过多
	污染加剧	润滑剂不良或不足、磨损、异物侵入

由此可见,对于状态在线监测来说,候选的物理量包括振动、振动和声音. 根据日本精工产品技术研究所野田万朵的研究[297],滚动轴承异常(损伤)状况监测诊断参数如表 6.2 所示.

表 6.2   滚动轴承监测诊断参数

诊断参数 损　伤	振动、声音	温　度
剥　落	好	无
裂　纹	好	无
压　痕	好	无
磨　损	好	有
电化学腐蚀	好	有
污　斑	好	有
烧　伤	好	好
锈　蚀	有	无
保持架破损	有	无
蠕　变	有	有
在运转中测定	可	可

振动信号是目前在各种监测方法中,最普遍采用且能检出机械运转中异常信息最多的一种方法研究. 造成轴承振动的主要原因有轴承本身的结构特点、精加工表面的波纹度及轴承局部损伤等. 其中,局部损伤表现为脉冲激励,滚动轴承的局部损伤通常发生在工作表面上,即内、外滚道及滚动体表面. 当轴承内外圈、滚动体出现点蚀和其他缺陷时都会产生一定频率的脉冲引起轴承的振动. 此时,轴承的振动既包括周期性脉冲的强迫振动,也包括高频或较高频的轴承系统固有振动. 由于这种冲击脉冲是周期性的,缺陷发生在滚动轴承不同的零件上,因此其产生的冲击脉冲频率不同,根据计算出的特征

频率即可确定发生故障的部位.

从本质上来讲,声音信号是当轴承发生振动后所产生的,并通过空气介质传播的物理信号. 它与振动信号具有同源性. 与人靠触觉通过手摸轴承箱体来感觉振动情况或通过加速度传感器来测量振动值相比,人耳通过听来判断无疑具有更高的智能性. 例如,通过听诊器就能很清楚地听出轴承内的细微声音. 但是,在工业生产现场,当外界干扰噪声很大时,所采集到的声音信号中,特征信号会被完全淹没,如何提取就成为这其中的技术关键. 人是高级智能体,作者认为如果人耳能听到,那么从理论上来讲,通过采样然后分析就一定能找到特征.

当滚动轴承产生某种异常,其温度便会发生变化,因而学者很早就采用了对轴承温度进行监测的方法. 对于温度信号,数据处理方法相对简单,只需要观察趋势并与所设定的阈值进行比较,因此被广泛采用. 温度检测对轴承特性异常的检出能力并不很大. 特别是表面剥落、裂纹、压痕等轴承滚动面上的局部损伤,在其初期阶段,由于温升不明显,温度检测法几乎不可能检出. 即使可检出由于热量引起的烧伤类损伤,在初期阶段也很难检出,在出现明显的温度上升时,异常大多已发展成严重的故障了.

但是,受其材料或润滑剂等使用温度界限的制约,监视是否超出其界限温度对防止轴承产生异常还是极为重要的.

3. 振动信号数据的综合分析方法

目前,对于所采集的振动信号最常用的数据分析方法是频域分析和小波分析. 但是,这样的动态分析都是以大量的数据为前提的. 由于设备维护工程师与生产现场距离很远,所以在前置终端、后置终端之间需要远程传输数据. 数据量大无疑会使误传率增加,所花费的时间增加,实时性降低. 与之相比,静态分析所需要的数据量就比较小,并且能够根据预先设定的阈值做出简单的、预测性的判断. 因此,在实践中可以采用综合静态分析和动态分析优势的综合分析方法(图 6.2).

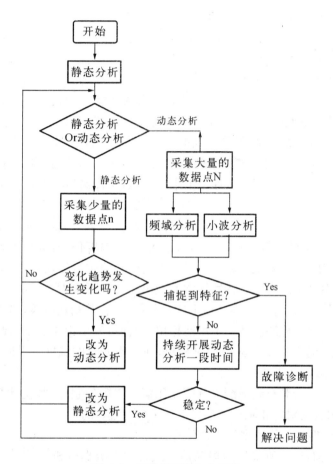

图 6.2　振动数据综合分析法

　　采用这种方法,当静态分析发现振动数据发生异常变化时,就转为动态分析.通过动态分析可以更为细致和准确监控信号的发展变化和进行故障诊断.如果,动态分析一段时间后发现没有什么特征点,就说明轴承从一个稳定态转移到了另一个稳定态,分析也随之简化到静态分析.这样,就使得轴承的更换更加具有科学性,能够最大限度地延长使用时间,提高经济效益.

6.3　知识处理阶段

通过知识准备阶段获得设计状态在线监测系统所需的数据和知识之后,接下来就要想方设法从数据中发现潜在的知识,以丰富和充实知识空间.

1. 温度信号和振动信号

在设备状态在线监测中,温度信号与振动信号有着密切而又复杂的关联. 在有些情况下,温度信号的变化比振动信号的变化来得敏感,可以为振动信号的进一步加强研究起到一个征兆的作用.

图 6.3 中描绘了轴承开始工作后的振动值和温度值变化情况. 在正常工作时,振动值一开始就已经处于一个比较高的状态,然后随着时间慢慢趋于稳定. 而温度则是由一个相对比较低的温度缓缓上升,直至趋于稳定. 到达稳定的时间通常为开机后 3 小时(180 分钟)左右.

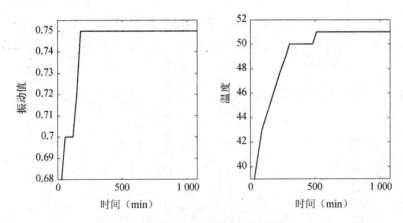

图 6.3　滚动轴承振动和温度曲线 I

趋于稳定之后,当有故障发生时,通过图 6.4 可以发现振动值和温度值的变化具有很强的相关性. 通常情况下振动值的变化要比温度值敏感(图 6.5),而在某些情况下也可能出现温度变化曲线先于振动变化曲线出现轴承出现故障的征兆(图 6.6).

　　由此可见,振动信号和温度信号在轴承工况的数据分析过程中
具有一定的关联性和互补性,可以被用来相互佐证.

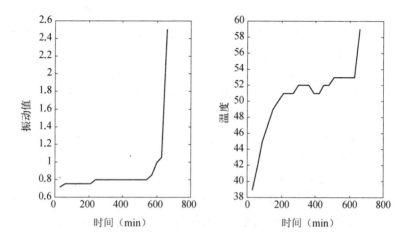

图 6.4　滚动轴承振动和温度曲线Ⅱ

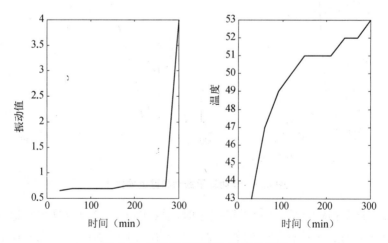

图 6.5　滚动轴承振动和温度曲线Ⅲ

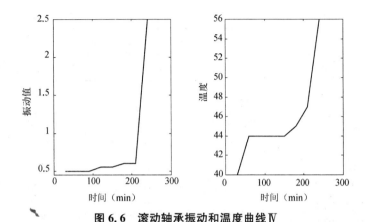

图 6.6　滚动轴承振动和温度曲线Ⅳ

2. 振动传感器的敏感性分析

　　由于设备维护工程师提供的数据都是点检时经过离散采样得来的,所以尽管提供了很长时间段内监测的数据,但是由于采样间隔过大,所以数据里包含的信息很少. 此外,由于没有系统化的规范来存储数据,大量数据已经遗失. 但是通过对所提取数据的仔细分析,仍可以发现一些有用的知识.

　　表 6.3、表 6.4 中是整理完的 1999 年里风机南向北向轴承的振动数据(F3A、F3H 和 F3V 分别代表标准坐标系 x、y、z 三个方向所采集到的数据). 经过对变化曲线图 6.7、图 6.8 的观察和相应的相关性分析处理(表 6.5、表 6.6)可以发现:

表 6.3　三号风机南向轴承监测数据

日　　期	振动值(三号风机南向)		
	F3A‐ESP(x 向)	F3H‐ESP(y 向)	F3V‐ESP(z 向)
1999. 1. 03	1. 606	2. 615	1. 953
1999. 1. 20	1. 5	1. 805	1. 733
1999. 2. 16	0. 707	1. 015	1. 037
1999. 3. 10	0. 746	1. 039	1. 026

日　　期	振动值(三号风机南向)		
	F3A－ESP(x 向)	F3H－ESP(y 向)	F3V－ESP(z 向)
1999. 4. 03	2. 685	2. 682	1. 928
1999. 5. 08	2. 547	1. 912	2. 271
1999. 5. 26	2. 368	2. 496	4. 364
1999. 6. 23	8. 683	9. 022	7. 906
1999. 7. 19	2. 639	4. 259	2. 116
1999. 8. 07	2. 6	2. 786	3. 307
1999. 9. 19	4. 372	7. 03	8. 361
1999. 10. 08	0. 614	2. 148	2. 607
1999. 11. 25	0. 568	0. 793	0. 73
1999. 12. 15	2. 349	5. 012	3. 334
	1. 811	3. 406	4. 027
	1. 757	2. 016	2. 149

表 6. 4　三号风机北向轴承监测数据

日　　期	振动值(三号风机北向)		
	F3A－ESP(x 向)	F3H－ESP(y 向)	F3V－ESP(z 向)
1999. 1. 03	8. 753	8. 934	4. 816
1999. 1. 20	10. 167	7. 368	5. 753
1999. 2. 16	3. 168	5. 921	3. 721
1999. 3. 10	5. 176	6. 887	5. 987
1999. 4. 03	24. 38	16. 565	17. 885
1999. 5. 08	26. 965	41. 833	17. 019
1999. 5. 26	34. 535	49. 535	25. 996
1999. 6. 23	27. 2	40. 056	24. 239
1999. 7. 19	31. 748	50. 417	20. 907
1999. 8. 07	14. 817	36. 981	18. 79
1999. 9. 19	39. 048	44. 458	27. 267
1999. 10. 08	9. 463	14. 763	6. 548
1999. 11. 25	8. 17	14. 029	6. 081
1999. 12. 15	37. 277	46. 93	32. 153
	16. 692	11. 877	7. 429
	18. 598	12. 713	6. 327

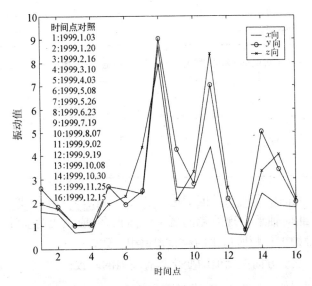

图 6.7　三号风机南向轴承振动曲线图

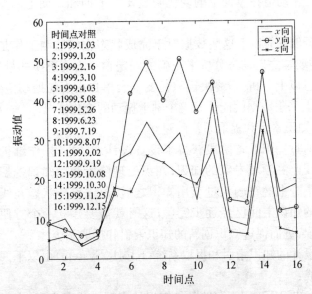

图 6.8　三号风机北向轴承振动曲线图

表 6.5 三号风机南向轴承振动值相似性矩阵图		
振动值(三号风机南向)相似性矩阵		
	x	y	z
x	1	0.933 3	0.6
y	0.933 3	1	0.666 7
z	0.6	0.666 7	1

表 6.6 三号风机北向轴承振动值相似性矩阵图		
振动值(三号风机北向)相似性矩阵		
	x	y	z
x	1	0.933 3	0.8
y	0.933 3	1	0.733 3
z	0.8	0.733 3	1

（1）北向轴承的振动值变化不但快而且振动数值大,说明相对南向轴承,北向轴承出现故障的概率要高很多,应该成为监测重点. 这与设备维护工程师所提供的经验知识相一致；

（2）三个方向振动值的变化具有较强的一致性,对于南向轴承这一点尤为明显；

（3）振动值在 y 向上的变化明显要比 x 向和 z 向上的变化敏感得多；

（4）仅仅靠以上这些数据对于完成状态在线监测工作是远远不够的,需要辅之以动态分析来正确的确定轴承需要更换的最佳时机.

经过以上分析,最终决定只需要安装单自由度的振动传感器,即在 y 向上采集数据就能了解整个轴承振动的变化情况.

3. 知识索引和提取系统的建立

在通过知识准备阶段获得了设备设计者、设备操作维护者以及状态在线监测领域专家的知识；知识处理阶段利用知识挖掘技术获得数据集合中潜在的大量有用知识之后,建立设备状态在线监测系统所需的知识空间已经逐步完善,这时就需要建立一个方便知识存储和获取,进而促进知识创新的知识索引和提取系统.

所设计的知识索引和提取系统(KI&R System)由以下四个主要部分组成：

（1）知识库：用于存储各种知识的表现模式和内容,它与索引模

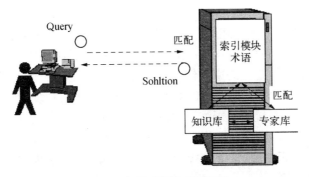

图 6.9　知识索引和提取系统

块密切相关. 索引模块能够自动地提取知识文本中的内容并为之产生一个符合索引标准的表现形式. 索引模块中所采用的术语是知识文本内容的标识符.

（2）专家库：与知识库中描述的能够显性化的知识不同，专家库不但指出了某些特定知识存在于谁的大脑中，而且指出了专家的研究领域和相应的知识类别. 查询者可以通过它来找到可以给自己提出建议的人.

（3）查询系统：使用者能够通过本系统描述自己所要查询的内容并且能够查阅系统检索到的相关知识和信息. 这里的核心问题是采用何种查询语言来构成查询逻辑，并快速有效地检索到所需要的知识.

（4）匹配和评价机制：用来评价特定文本与查询检索选项的匹配程度.

6.4　方案拟定

在知识准备阶段和知识处理阶段获得知识的基础上，通过查阅大量的状态在线监测领域的相关论文，利用过去从事类似项目的经验和现场可能提供的技术条件，对于物理量的选择，数据采集、数据传输和数据分析处理等各个阶段，从硬件和软件的角度确定了各种备选方案.

除了表 6.7 所描述的形态学矩阵之外,由于状态在线监测系统实施对象具体设备的工作条件和厂家的具体要求等,还需要添加多条边界约束条件. 这些约束条件包括:

(1) 技术约束(如系统的效率、系统的安全性、系统的稳定性、系统的可靠性、系统的易于维护性、系统的易于拓展性等等);

(2) 经济约束(如性价比、成本和寿命等等);

(3) 知识约束(系统的智能性、系统的知识性、系统的可推广性、可延伸性等等).

这些约束条件可以构成相应的约束矩阵,它和表 6.7 的形态学矩阵一起就构成了基于约束的形态学矩阵.

表 6.7　形态学矩阵

		1	2	3	4
物理量的选择		振　动	温　度	振动温度	声　音
传感器的安装		设备内部	设备外部	智能构件	
数 据 采 集	硬件	单片机	PC104	DSP	
	软件	汇编语言	C 语言		
数 据 传 输	硬件	网　络	邮电公网	总　线	无　线
	软件	VC	VB		
数据分析处理		SPSS	MATLAB	Clementine	All

6.5　评价与验证

针对设备(风机)状态在线监测系统的实际需要,现有 2 个备选方案:

方案1：以振动为所关注的物理量,传感器安装在设备机壳的外面,数据采集选择单片机和汇编语言,数据传输选用总线方式,数据分析处理采用 All 的方式;

方案2：以振动和温度为所关注的物理量,传感器安装在智能构件中,数据采集选择 PC104 工控机和 C 语言,数据传输选用邮电公网,数据分析处理采用 All 的方式;

接下来,将采用第五章中所讨论的模糊层次分析法和灰色关联分析法对上述方案进行评价.

1. 模糊层次分析法

步骤1：建立评价集合.

$X = \{X1, X2, X3, X4\} = \{好,较好,一般,差\}$;

步骤2：建立模糊评价指标.

基于形态学矩阵的模糊评价指标：$Y1 = \{物理量的选择,传感器的安装,数据采集(硬件),数据采集(软件),数据传输(硬件),数据分析处理\}$;

基于约束矩阵的模糊评价指标：$Y2 = \{经济性、安全性、稳定性、维护性、拓展性、智能性、创新性\}$;

步骤3：建立特定方案的加权系数向量 A

基于形态学矩阵的加权系数向量 $A1 = \{0.1, 0.3, 0.1, 0.1, 0.3, 0.1\}$;

基于约束矩阵的加权系数向量 $A2 = \{0.15, 0.1, 0.1, 0.1, 0.1, 0.15, 0.3\}$;

步骤4：建立模糊评价矩阵 R(表6.8、表6.9).

表6.8　形态学矩阵的模糊评价矩阵

	评价指标	方案一				方案二			
		好	较好	一般	差	好	较好	一般	差
R_{Y1}	物理量的选择	0.2	0.4	0.4	0	0.5	0.3	0.2	0
	传感器的安装	0.2	0.1	0.6	0.1	0.4	0.5	0.1	0

续　表

评 价 指 标	方案一				方案二			
	好	较好	一般	差	好	较好	一般	差
R_{Y1} 数据采集（硬件）	0.3	0.3	0.3	0.1	0.3	0.4	0.2	0.1
数据采集（软件）	0.4	0.4	0.2	0	0.3	0.5	0.2	0
数据传输（硬件）	0.2	0.2	0.6	0	0.4	0.4	0.1	0.1
数据分析处理	0.4	0.3	0.3	0	0.5	0.4	0.1	0

表 6.9　约束矩阵地模糊评价矩阵

评 价 指 标	方案一				方案二			
	好	较好	一般	差	好	较好	一般	差
R_{Y2} 经济性	0.3	0.3	0.3	0.1	0.3	0.3	0.4	0
安全性	0.15	0.15	0.5	0.2	0.6	0.3	0.3	0
稳定性	0.25	0.25	0.4	0.1	0.3	0.4	0.3	0
维护性	0.1	0.2	0.6	0.1	0.3	0.4	0.2	0.1
拓展性	0.1	0.15	0.6	0.15	0.4	0.5	0.1	0
智能性	0.1	0.2	0.7	0	0.4	0.45	0.15	0
创新性	0.2	0.4	0.4	0	0.45	0.3	0.25	0

步骤 5：计算综合模糊评价

对于方案一：

基于形态学矩阵的综合模糊评价 $B1$：$B11 = A1 \cdot R_{Y1} = (0.2, 0.2, 0.3, 0.1)$；经过归一化得 $(0.25, 0.25, 0.375, 0.125)$；

基于约束矩阵的综合模糊评价：$B12 = A2 \cdot R_{Y2} = (0.2, 0.3, 0.3, 0.1)$；经过归一化得 $(0.222, 0.333, 0.333, 0.111)$；

对于方案 2：基于形态学矩阵的综合模糊评价 $B1$：$B21 = A1 \cdot R_{Y1} = (0.3, 0.3, 0.1, 0.1)$；经过归一化得 $(0.375, 0.375, 0.125, 0.125)$；

基于约束矩阵的综合模糊评价：$B22 = A2 \cdot R_{Y2} = (0.3, 0.3, 0.25, 0.1)$；经过归一化得$(0.316, 0.316, 0.263, 0.105)$；

步骤 6：方案之间的比较取 $t = 0.6$，则

方案 1：$B = B11 \cdot t + B12(1-t) = (0.15, 0.15, 0.225, 0.075) + (0.088, 0.133, 0.133, 0.044) = (0.238, 0.283, 0.358, 0.119)$

方案 2：$(0.316, 0.316, 0.263, 0.105)$ $B = B21 \cdot t + B22(1-t) = (0.225\ 0, 0.225\ 0, 0.075, 0.075) + (0.126, 0.126, 0.105, 0.042) = (0.351, 0.351, 0.18, 0.117)$

由于方案 2 的 B I 和 B II 比方案 1 的 B I 和 B II 大，所以方案 2 优于方案 1.

2. 灰色关联分析法

表 6.10 为方案评价指标集.

表 6.10 方案评价指标集

指　　标	方　　案	
	I	II
物理量的选择	0.90	1.00
传感器的安装	0.80	1.00
数据采集（硬件）	0.90	1.00
数据采集（软件）	0.90	1.00
数据传输（硬件）	1.00	0.90
经　济　性	1.00	0.85
安　全　性	0.90	1.00
稳　定　性	0.90	1.00
维　护　性	1.00	0.90
拓　展　性	0.90	1.00
智　能　性	0.90	1.00
创　新　性	0.90	1.00

表中所有的指标都是越大越好，所以最优的参考数据列为：$x_0 =$

$(1.0, 1.0, 1.0, 1.0, 1.0, 1.0, 1.0, 1.0, 1.0, 1.0, 1.0, 1.0)$

各被比较数列为：

$x_1 = (0.9, 0.8, 0.9, 0.9, 1.0, 1.0, 0.9, 0.9, 1.0, 0.9, 0.9, 0.9)$

$x_2 = (1.0, 1.0, 1.0, 1.0, 0.9, 0.85, 1.0, 1.0, 0.9, 1.0, 1.0, 1.0)$

计算可得两级最小差为 0，两级最大差为 0.15，则关联系数为：

$$\xi_i(k) = \frac{0 + 0.5 \times 0.15}{\mid x_0(k) - x_i(k) \mid + 0.5 \times 0.15}$$

于是可得关联系数矩阵：

$$B = \begin{bmatrix} 0.43 & 0.27 & 0.43 & 0.43 & 1.00 & 1.00 & 0.43 & 0.43 & 1.00 & 0.43 & 0.43 & 0.43 \\ 1.00 & 1.00 & 1.00 & 1.00 & 0.43 & 0.33 & 1.00 & 1.00 & 0.43 & 1.00 & 1.00 & 1.00 \end{bmatrix}^T$$

由专家可得权重集：

$$\beta = [0.06, 0.18, 0.06, 0.06, 0.10, 0.06, 0.04, 0.04, \\ 0.04, 0.04, 0.14, 0.18]$$

由此可得：$A_i = \sum_{k=1}^{2} \beta_k B_{ik} = (0.51, 0.88)$，所以，方案 2 优于方案 1.

6.6 成果描述

在方案确定了之后，选用了振动传感器 CrossBow CXL10HF1Z（±10 g）、热电耦传感器作为传感元件，并且植入了吊环以形成智能构件（图 6.10）. 选择 Seatech 公司生产的、PC104 系列中的 SX-320 主板作为前置终端的控制主机，企业现有的邮电公网作为数据传输通道，后置终端的 PC 机上安装了 SPSS、MATLAB 和 Clementine 等数据分析软件并建立了相应的数据库和知识库.

考虑到工作现场温度非常高，传感器能承受的最高温度极限为 65℃，所以最终为提高安全性把传感器装在吊环座的外端（图 6.11）.

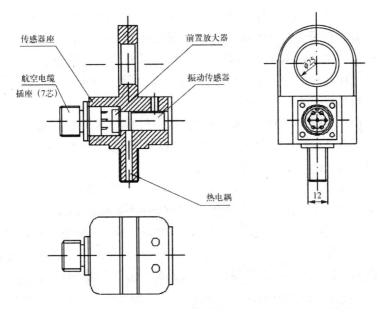

图 6.10 吊环座设计 I

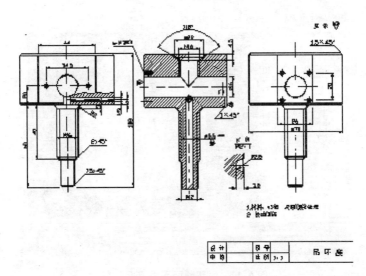

图 6.11 吊环座设计 II

对于设计完的吊环座,由于在设备维修时需要被吊开,在这个过程中需要承受大约 300 kg 的力,为了保证设计的安全性,需要通过有限元软件 Ansys 对吊环座的受力进行分析并校验其屈服强度. 得到了轴承座各处的受力情况分布图(图 6.12),及其根据以上划分所得各处网格的受力情况(图 6.13).

由于,所设计的轴承座高较大,所以计算出来的屈服极限 $\sigma_s =$ 19.215 MPa,远小于常用材料的屈服极限,考虑到美观性,作者选择了材质较好的不锈钢材料.

最终,设备(风机)远程状态在线监测系统的总体框见图 6.14. 由于采用基于 PC104 主机的 A/D 卡,所以前置终端采集数据的速度非常快. 在前置终端上还设计有数据的预处理方法:采集到的振动信号只有在做完静态分析或傅立叶变换之后,温度信号只有判断超过阈值之后,才会往后置终端传输,这就提高了前置终端的智能化,减少

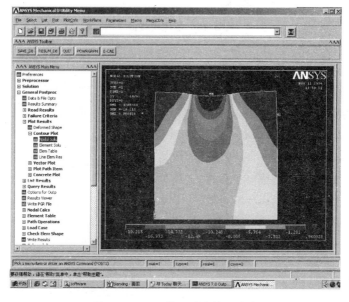

图 6.12　吊环截面受力情况分布

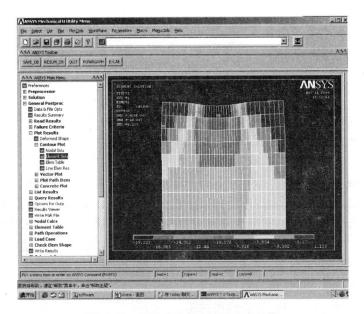

图 6.13　吊环截面受力情况分布网格

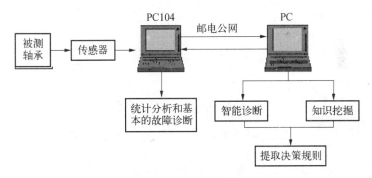

图 6.14　远程状态在线监测系统总体框图

了数据通道上的信息传递量. 由于前置终端中所编的256点的离散傅立叶变换是在 DOS 平台下的 TC2.0 中完成的,并且为了减少干扰影响采用的是对多组数据做傅立叶变换然后再平均,因此每次计算包括数据传输的时间估计花费 120 s.

6.7　本章小结

采用上章所提出的基于知识的机械制造设备状态在线监测系统的设计方法,设计了风机轴承远程状态在线监测系统. 在知识准备阶段,通过面对面的交流和网络建立了由设备设计者、设备维护者和状态在线领域专家所组成的工作联盟,获得了大量的数据和知识. 知识处理阶段,在现有数据和知识的基础上,分析了温度信号和振动信号之间的关联性、振动传感器的敏感性分析,并建立了相应的知识索引和提取系统. 随后,根据所获得的各个子功能模块的解和系统的约束条件构成了基于约束的形态学矩阵. 最后,对于候选方案采用模糊层次分析法和灰色关联分析法得到了最优解. 在系统实施过程中,根据智能构件的思想,把传感器植入了吊环. 所设计的系统不但满足了企业的需要,而且具有知识性和智能性.

第七章 结论与展望

7.1 论文研究成果

作为知识管理在制造企业机械制造过程领域的研究,本文以传统知识管理方法和机械制造过程为基础,不仅对制造企业中这两者相结合的需求进行了探讨,从理论的高度说明了研究的重要性和必要性,通过模型框架的建立和方法的研究来解决现存的问题,同时又从在机械制造过程中开展知识管理的实际要求出发,指出了知识共享是基础,知识创新是关键,并把研究的重点放在知识创新上. 本论文主要取得了以下的研究成果:

1. 随着知识经济的到来,知识管理已经成为了决定企业核心竞争力的强大武器. 本文在深入地研究了机械制造过程之后,发现无论是产品开发、设备维护、售后服务还是运行管理,都有开展知识管理的需求. 企业不但需要综合、全面了解制造过程中现有的所有信息和知识,而且需要在这些知识的基础上不断创造新知识. 在机械制造过程中,知识管理包含了知识共享和知识创新两个密切相关的环节. 为了提高制造企业的核心竞争力,知识共享是基础,知识创新是关键. 针对国内外研究着重于知识共享的现状,指出仅仅依靠知识共享无法满足制造企业在机械制造过程中的需求,从而确立了在机械制造过程中开展知识管理尤其是知识创新为本论文研究的主题.

2. 作者建立了机械制造过程中的知识管理框架模型. 研究了知识管理与制造企业目前常采用的 ERP、PDM、SPC 和状态在线监测系统等技术的结合. 对于开展知识管理的机械制造过程,知识创新和知识共享相互联系、相互促进、密不可分. 提出了制造企业要根据实际需要,通过建立松紧综合知识管理模型来实现知识共享和知识创新的融合.构建了适应于知识管理(知识创新和知识共享)开展的环境模型 A-Dynasites,并引入知识进化模型(SER Model)来推动环境模型的不断进化和发展.

    3. 由于机械制造过程的复杂性、动态性、干扰性,所获得的数据通常都是模糊的,包含有大量的干扰信号.如何去伪存真,获得准确的信息特征模式具有重要的意义.在数据预处理(滤波技术)方面提出了优于常用滤波技术的、具有鲁棒性的递归神经网络用于滤波.对数据融合技术(误差分析技术)的研究分析了在干扰情况下误差分离技术的运用,提出了新算法——统计时域两点法.以上方法研究在轧辊辊型测量仪的实际研发和使用中得到了实现,较精确地测量出了轧辊辊型.所设计的雪橇式辊型测量仪正在申请国家发明专利.

    4. 知识发现过程是知识创新的核心.对知识发现中的一种具有代表性的方法——关联规则进行了研究和探索.不但介绍了常见的关联规则算法、关联规则在制造企业机械制造过程中的应用领域、分析研究了关联规则在设备状态在线监测中的应用实例,而且根据机械制造过程的实际需要,对现有的关联规则算法进行了拓展:根据所发现的信息丢失问题,提出了 A-ML-T2 算法来实现多层关联规则的挖掘;根据在机械制造过程的数据库或数据仓库中挖掘关联规则时所需添加约束的实际需要,提出了 Tough 型约束下频繁项集的挖掘算法;为了实现用尽可能少的子集来描述在机械制造过程数据库中所发现的、满足约束的大量频繁项集,提出了 Tough 型约束下频繁闭项集的挖掘算法;提出了松紧约束法,通过尽可能少的数据库扫描次数,在尽可能短的时间内高效的实现了频繁项集的挖掘;提出了频繁闭项集格,并辅之以推理技术,高效直接地挖掘到了机械制造过程决策者所需要的精简规则.最终,通过编程对所设计的算法进行了实验验证.

    5. 系统设计究其实质是一个知识的处理过程.针对机械制造设备状态在线监测系统的现状,提出了有利于知识创新的、基于知识的机械制造设备状态在线监测系统的设计方法.整个设计方法包含了知识准备、知识处理、方案拟定和评价与验证四个步骤. 在知识准备阶段,关注于如何发现、综合、利用现有知识;在知识处理阶段,研究数据的预处理、信息特征模式的获取、如何从原先拥有的数据中提炼出能够帮助解决实际问题的知识以及如何对知识加以整理、归类,建立新的、有利于知识共享、重用和创新的知识索引和提取系统;在方案拟定阶段,建立基于约束的形态学矩阵;在评价及验证阶段,通过模糊分层分析评价法和灰色关联分析法对现有的备选方案进行分析比较. 整个设计方法在风机轴承远程状态在线监测系统的设计中得到了验证.

本论文的主要创新点:

(1) 指出制造企业在机械制造过程中开展知识管理的需求,建立了相应的知识管理系统框架模型;分析了知识管理与 ERP、PDM、SPC 和状态在线监测系统等技术的结合;提出了融合知识创新与知识共享的松紧知识管理模型,并通过环境模型的建立来促进知识管理活动的开展;

(2) 结合轧辊辊型测试仪的研制,在不知道对象具体特征的前提下,又只能获得动态的、模糊的、随机的、含有噪声的测量数据时,研究如何通过数据预处理和数据融合技术来去伪存真,得到对象的准确特征信息;

(3) 知识发现是知识创新的核心. 根据机械制造过程的实际需要,对知识发现——关联规则算法进行了深入的研究和探索. 在融入了约束、闭集理论、概念格、推理技术和估计技术的基础上,提出了一系列新的算法,并通过实验进行了验证;

(4) 提出了促进知识创新的、基于知识的机械制造设备状态在线监测系统的设计方法,它包含了知识准备、知识处理、方案拟定和评价与验证四个步骤.

7.2 进一步研究方向

知识管理已经不能算一个新生事物了,但对于制造企业,尤其是

在机械制造过程中的引入是一种思想和方法上的创新,同时这也是
知识经济下,制造企业要想提高机械制造过程效率、产品质量和响应
速度的必然研究和发展方向. 实际上,由于制造过程中任务的未知
性、复杂性、动态性,其管理问题一直是制造业中的一个重点和难点.
因此,作者希望通过本文的研究对于我国的制造企业使用知识管理,
尤其是在机械制造过程中融入知识管理起到抛砖引玉的作用,为进
一步的推进机械制造过程提供一个新的思路和方法.

　　然而,由于制造企业自身以及机械制造过程是非常复杂的,所以
其中的数据和知识不但形式多样而且纷繁芜杂. 同时,知识管理虽然
发展到现在已经有了近十年,但其中仍有很多争议之处,始终没有一
个为普遍所接受的系统框架,呈现百家争鸣之势. 另外要让一个企业
完全接受知识管理,通过对现有文化、组织的改变来对其进行支持也
绝不是一件容易的事. 因此,要把知识管理融入制造过程中去,不是
一朝一夕就能实现的,它的研究、开发和使用必定要经过很长的一段
时期. 作者认为至少需要从以下这几方面进行深入研究:

　　1. 知识管理的理论研究

　　知识管理作为一门新兴的学科受到了来自各个领域专家的关
注. 他们从各个角度对知识管理活动进行了评述,各种新的理论研究
不断涌现. 由于是百家齐鸣,所以在不断接受新观点和新技术的前提
下,需要有选择的吸收和利用. 理解的越是透彻、掌握的越是全面,对
于开展知识管理活动就越是有利. 制造企业必须根据自身机械制造
过程的现有水平和实际需要,设计相应的知识管理框架模型和实施
方案.

　　2. 进一步加强和完善机械制造过程中的知识管理的研究

　　在本文中,作者已经建立了在机械制造过程中的知识管理的理
论框架模型,讨论了知识管理与 ERP、PDM、SPC 和状态在线监测系
统等技术的结合. 指出了在知识管理活动中,知识共享为基础,知识
创新为关键. 并且以知识创新为主题,根据制造过程的实际情况和特
点,不但研究了知识创新与知识共享之间的有效融合和平衡,而且分

析探索了数据预处理、特征模式的捕捉、知识发现以及促进知识创新的、基于知识的机械制造设备状态在线监测系统的设计方法. 从研究的整体上来看,研究的重点偏重于技术层面. 众所周知,在知识管理活动中,企业文化等软技术方面对于知识管理活动的开展起着重要的作用. 而企业文化的改变是一个既困难又漫长的过程,需要完善各种规范、制度来为知识管理的开展创造条件. 如何在机械制造过程中开展知识管理时,实现技术与支持知识管理的文化的高效融合和互相促进,值得进一步的探讨和研究.

3. 知识管理各项核心技术的集成和拓展

技术是开展知识管理活动的基础. 在知识管理领域,现有的核心技术主要包括：有利于知识共享的知识地图、知识门户和内容管理技术、有利于知识创新的数据预处理技术、数据挖掘技术,以及信息审计和知识审计、知识管理活动评价工具等等. 这些核心技术在知识管理活动开展的各个阶段中发挥着各自的作用,而且互相影响,有时还需要共同使用. 所以,作者认为开发一个能集成以上核心技术的平台是非常重要的. 此外,那些对知识管理的发展可能会产生影响的新技术需要考虑被纳入知识管理研究领域之中,比如知识网格就是知识管理领域里一个具有发展前途的技术. 学者们把知识网格定义为动态分布式虚拟组织中的知识共享和协同问题解决. 作者认为,知识网格所具有的资源的网络化、规范化、相互协调、动态融合对于知识管理尤其是知识创新也是非常有益的.

7.3 本章小结

总结论文的主要研究成果和创新点,并指出了进一步的研究方向. 在制造企业尤其是机械制造过程中融入知识管理是一项复杂而又艰巨的工程,需要进行大量的理论研究和实践工作. 本文所作的研究只能算一个起步,但它为整个系统工作的顺利进展打下了坚实的基础.

参 考 文 献

1 Verna Allee. The art and practice of being a revolutionary. *Journal of Knowledge Management*, 1999, **3**(2), 121 – 131

2 Riches P, Kemp J, Wolf P. Future of KM: Business Roadmap (Knowledge Management Transformation). European KM Forum, IST Project No. 2000 – 26393

3 KM Quick: A KM Tool for government practitioners, The FAA Knowledge Services Network and The Federal KM Network, 2002; (8), Washington DC, www. km. gov

4 裴学敏,陈金贤. 知识经济条件下的企业知识管理体系. 管理工程学报,1999,(1),1 – 5

5 梁镇,刘安. 走向知识经济时代的企业知识管理. 天津商学院学报,2000,(7),33 – 37

6 Malhotra Y. From information management to knowledge management: Beyond the "Hi-Tech Hidebound" system. In K. Srikantaiah & M. E. D. Koenig (Eds,), Knowledge Management for Information Professional, Medford, New York, 37 – 61

7 Suresh R. Knowledge Management: A Strategic Perspective. Source: The Provider's Edge

8 Rudy Ruggles. Why Knowledge? Why Now? www. providersedge. com

9 Suresh H. Knowledge Management: The road ahead for success. PSG Institute of Management, 2002, (9)

10 Knowledge management working group of the federal chief

information officers council. Managing knowledge @ work: An overview of knowledge management, CIO Council, 2001, (8)

11 Barclay R. O., Murray P. C. What is knowledge management? Knowledge Praxis, www. media-access. com/ whatis, html

12 张晓霞. 知识管理——企业管理新方向. 兰州大学学报，1999，(2)，28-31

13 Sveiby Karl-Erik. Knowledge Management—Lessons from the Pioneer. November 2001, www. kmadvantage. com

14 Daniele Chauvel. Knowledge Management Models: A state of art, www. knowledgeboard. com

15 Meenakshi Joshi. Is knowledge management same as information resource management? Workshop on Information Resource Management, 2002 March

16 Malhotra Y. Knowledge mangement for e-business performance: Advancing information strategy to "Internet Time", Information Strategy. *The Executive's Journal*, 2000, **16**(4), 5-16

17 Liao Shu-Hsien. Knowledge management technologies and applications-literature review from 1995 to 2002. *Expert System with Application*, 2003, (25), 155-164

18 Polanyi M. The tacit dimension. London: Routledge and Kegan Paul

19 Nonaka I, Umemoto K, Senoo D. From information processing to knowledge creating: a paradigm shift in business management. *Technology in Society*, **18**, (2), 203-218

20 Leif Edvinsson. Developing a model for managing intellectual capital. *European Management Journal*, 1996, (4), 356-364

21 Liebowitz J, Wright K. Does measuring knowledge make "cents"? *Experts Systems with Applications*, 1999,

(17), 99 - 103

22 Jeef Wilkins. Understanding and valuing knowledge Assets: Overview and Method. *Expert Systems with Applications*, 1997, (13), 55 - 72

23 Karl M. Wiig. Supporting knowledge management: A selection of methods and techniques. *Expert Systems with Applications*, 1997, (13), 15 - 27

24 Gertjan van Heijst, Rob van der Spek. Corporate memories as a tool for knowledge management. *Expert Systems with Applications*, 1997, (13), 41 - 54

25 Stephen Drew. Building knowledge management into strategy: Making sense of a new perspective. *Long Range Planning*, 1999, (1), 130 - 136

26 Rubenstein-Montano B, Liebowitz J. , Buchwalter J. A system thinking framework for knowledge management. *Decision Support Systems*, 2001, (31), 5 - 16

27 Dhaliwal Jasbir S. , Tung Lai Lai. Using group support systems for developing a knowledge-based explanation facility. *International Journal of Information Management*, 2000, (20), 131 - 149

28 Laudon K. C. , Laudon J. P. Essential of management information systems(5th ed). New Jersey: Prentice Hall, 2002

29 Cauvin S. Dynamic application of action plans in the Alexip knowledge-based system. *Contrat Eng. Practice*, 1996, (1), 99 - 104

30 Brian Knight. Temporal management using relative time in knowledge-based process control. *Engng Applic. Artif. Intell*, 1997, (3), 269 - 280

31 Kang Boo -Sik, Lee Jang-Hee, Shin Chung-Kwan. Hybrid

machine learning system for integrated yield management in semiconductor manufacturing. *Expert Systems with Applications*, 1998, (15), 123 – 132

32 Lee Dongkon, Lee Kyung-Ho. An approach to case-based system for conceptual ship design assistant. *Expert Systems with Applications*, 1999, (16), 97 – 104

33 Lee Carman K. M. , Lau Henry C. W. , Yu K. M. Development of a dynamic data interchange scheme to support product design in agile manufacturing. *International Journal of production economics*, 2004, (87), 295 – 308

34 Park Myung-Kuk, Lee Inbom, Shon Key-Mok. Using case based reasoning for problem solving in a complex production process. *Expert Systems with Applications*, 1998, (15), 69 – 75

35 Lavington S, Dewhurst N, Wilkins E, *et al*. Interfacing knowledge discovery algorithms to large database management systems. *Information and Software Technology*, 1999, (41), 605 – 617

36 Mario Cannataro, Domenico Talia, Paolo Trunfio. Distributed data mining on the grid. *Future Generation Computer Systems*, 2002(18), 1101 – 1112

37 Anand S. S, Patrick A. R, Hughes J. G. A data mining methodology for cross-sales. Knowledge-Based Systems, 1998, (10), 449 – 461

38 Syed Sibte Raza Abidi. Knowledge management in healthcare: towards knowledge-driven decision-support services. *International Journal of Medical Informatics*, 2001, (63), 5 – 18

39 Sung Ho Ha, Sung Min Bae, Sang Chan Park. Customer's time-variant purchase behavior and corresponding marketing strategies: an online retailer's case. *Computers & Industrial*

Engineering, 2002, (43), 801 – 820

40   Hui S. C. , Jha G. Data mining for customer service support. *Information & Management*, 2000, (38), 1 – 13

41   Carayannis Elias G. Fostering synergies between information technology and managerial and organizational cognition: the role of knowledge management. *Technovation*, 1999, (19), 219 – 231

42   Chen Hsinchun, Jenny Schroeder, Roslin Hauck. COPLINK Connect: information and knowledge management for law enforcement. *Decision Support Systems*, 2002, (34), 271 – 285

43   Mohd Hishamuddin Harun. Integrating e-Learning into the workplace. *Internet and Higher Education*, 2002, (4), 301 – 310

44   Hicks B. J, Culley S. J, Allen R. D. , *et al*. A framework for the equipments of capturing, storing and reusing information and knowledge in engineering design. *International Journal of Information Management*, 2002, (22), 263 – 280

45   Balasubramaniam Ramesh. Supporting collaborative process knowledge management in new product development teams. *Decision Support Systems*, 1999, (27), 213 – 235

46   Sang Bong Yoo, Yeongho Kim. Web-based knowledge management for sharing product data in virtual enterprise. *International Journal of production economics*, 2002, (75), 173 – 183

47   Jianguo Sun. A note on principal component analysis for multi-dimensional data. *Statistics & Probability Letters*, 2000, (46), 69 – 73

48   Bernard A. Megrey, Sarah Hinckley, Elizabeth L. Dobbins. Using scientific visualization tools to facilitate analysis of multi-dimensional data from a spatiallu explicit, biophysical,

individual-based model of marine fish early life history. *ICES International of Marine Science*, 2002, (59), 203 - 215

49 Anindya Datta, Helen Thomas. The cube data model: a conceptual model and algebra for online analytical processing in data warehouses. *Decision Support Systems*, 1999, (27), 289 - 301

50 Nikitas- Spiros Koutsoukis, Gautam Mitra, Cormac Lucas. Adapting online analytical processing for decision modeling: the interaction of information and decision technologies. *Decision Support Systems*, 1999, (26), 1 - 30

51 Mukesh Mohania. Building web warehouse for semi-structured data. *Data & Knowledge Engineering*, 2001, (39), 101 - 103

52 Schubert Foo, Lim Ee-Peng. A hypermedia database to manage world-wide-web documents. *Information & Management*, 1997, (31), 235 - 249

53 Standardised KM Implementation approach. The European Knowledge Management Forum, IST Project No 2000 - 26393

54 奚介荣,龚光荣. 知识型制造企业与知识管理. 机电一体化, 2001,(2),8 - 11

55 祁连,顾新建. 制造企业中的知识管理. 成组技术与生产现代化, 2001,(4),28 - 33

56 王强,韩岷. 面向知识管理的航空装备设计与制造. 科技进步与对策,2001,(12),48 - 49

57 但斌,刘飞. 网络化集成制造及其系统研究. 系统工程与电子技术,2001,(8),12 - 15

58 贾艳辉,杨志刚. 基于 Web 的工艺知识资源服务与管理系统. 现代生产与管理技术,4 - 6

59 李爱平. 制造企业的产品创新与知识管理. 工业工程与管理, 2002,(2),13 - 17

60 周杰韩,曾庆良,熊光楞. 制造业知识管理研究. 计算机集成制造

系统——CIMS,2002,(8),669－672

61 隋秀凛,庞军. 基于 Intranet 的制造企业知识管理. 情报科学,
    2003,(1),80－83

62 周玲,钟琳. 国内外五公司知识管理案例调查分析. 图书馆情报
    工作,2002,(7),59－63

63 朱树人,李伟琴. ERP 体系结构研究. 系统工程,2000,(3),40－43

64 陈晓东,彭晓红. 企业资源计划(ERP)管理信息系统及其实施. 天
    津纺织工学院学报,2000,(12),85－87

65 陈伯成,叶伟雄. ERP 软件流程模型的分析与构建. 计算机集成
    制造系统——CIMS,2003,(3),224－230

66 袁雅静,俞竹超,樊治平. 基于知识管理的 ERP 扩展与实施分析.
    工业工程与管理,2002,(6),42－46

67 李晓宇. 面向 ERP 系统实施的知识管理体系研究. 科学管理研
    究,2004,(2),78－80

68 李燕,刘鲁. 基于知识管理的 ERP 系统. 合肥工业大学学报,
    2004,(3),273－277

69 Daniel E. O'Leary. Knowledge management across the
    enterprise resource planning systems life cycle. *International
    Journal of Accounting Information Systems*, 2002, (3), 99－110

70 Newell S. , Huang J. C. Implementing enterprise resource
    planning and knowledge management systems in tandem：
    fostering efficiency and innovation complementarity.
    Information and Organization, 2003, (13), 25－52

71 吴年宇,孟刚. 基于 PDM 技术的制造业集成框架研究. 清华大
    学学报,1998,(10),73－76

72 黄宇辉,严隽琪. 并行设计环境下的 PDM 集成框架研究. 机械
    科学与技术,1999,(3),330－333

73 彭继忠,李建明. 基于 PDM 框架的应用集成研究与实践. 计算
    机集成制造系统——CIMS, 2000, (2), 65－69

74 冯升华，李建明，童秉枢. PDM 系统与群件系统的集成. 计算机辅助设计与图形学学报，2001，(4)，362－366

75 李海峰，王先逵. 分布式企业 PDM 系统集成框架研究. 计算机集成制造系统——CIMS，2003，(4)，276－280

76 张为民，曹忠波. 基于 PDM 的案例知识管理系统的研究与开发. 制造业自动化，2003，(7)，41－43

77 Kamel Rouibah, Kevin R. Caskey. Change management in concurrent engineering from a parameter perspective. *Computers in Industry*，2003，(50)，15－34

78 Werner Dankwort C., Roland Weidilich. Engineers' CAx education-it's not only CAD. *Computers-Aided Design*，2004，(36)，1439－1450

79 蔡林沁，谢阅. SPC 数据采集与处理系统. 计算机测量与控制，2002，(10)，675－677

80 曾铁军，宋晓珏，裴仁清. 基于协同式专家系统的 SPC 诊断系统研制. 中国机械工程，2002，(11)，1852－1856

81 王青，李明树. 基于 SPC 的软件需求度量方法. 计算机学报，2003，(10)，1312－1317

82 张仁斌，李钢. SPC 在制造参数决策系统中的应用研究. 制造业自动化，2003，(5)，32－34

83 Manus Rungtusanatham. Conceptualizing organizational implementation and practice of statistical process control. *Journal of Quality Management*，1997，(2)，113－137

84 Malhotra Y. Why Knowledge management system fail? Enable and Constraint of knowledge management in human enterprise, In K. Srikantaiah & M. E. D. Koenig (Eds.), Knowledge management lessons learned: what works and what doesn't, Information Today (ASIST Series), Medford, N. J., November, 2003

85 dePaula R. , Fischer G. Knowledge management—Why learning from the past is not enough! In J. Davis (Eds.), Knowledge management and the global firm: organizational and technological dimensions, Springer Verlag, Heidelberg, (in press)

86 Fischer G. , Scharff E. , Ye Y. Fostering social creativity by increasing social capital, In M. Huysman & V. Wulf (Eds.), Social capital and information technology, MIT Press, Cambridge, MA, 2004, 355 – 381

87 Fischer G. , Ostwald J. Knowledge management: problems, promises, realities and challenges. *IEEE intelligent systems journal*, special issue " Knowledge management: an interdisciplinary approach", 2001, (1), 60 – 72

88 Fischer G. Communities of interest: learning through the interaction of multiple knowledge systems. *Proceedings of the 24th IRIS conference*, 2001, 1 – 14

89 Fischer G. Seeding, evolutionary growth and reseeding: constructing, capturing and evolving knowledge in domain-oriented design environment, International journal "Automated software engineering", Kluwer academic publishers, Dordrecht, Netherlands, 1998, **5**(4), 447 – 464

90 Fischer G. , Grudin J. , McCall R. , *et al.* Seeding, evolutionary growth and reseeding: the incremental development of collaborative design environment, In G. Olson, T. Malone & J. Smith (Eds.), Coordination theory and collaboration technology, Lawrence Erlbaum Associates, Mahwah, New Jersey, 2001, 447 – 472

91 Fischer G. , Ostwald J. Seeding, evolutionary growth and reseeding: enriching participatory design with informed

participation. *Proceedings of the participatory design conference* (PDC'02), In T. Binder, J. Gregory, I. Wagner (Eds.), Malmo university, Sweden, June 2002, 135 - 143

92 Fischer G. External and shareable artifacts as opportunities for social creativity in communities of interest. In J. S. Gero and M. L. Maher (Eds.), Computational and cognitive models of creative design. *Proceedings of 5th international conference on computational and cognitive models of creative design*, 2001, 9 - 13

93 汤力, 张兆扬. 轮廓基的视频对象平面提取方法. 电视技术, 2001, (5), 10 - 11

94 史力, 张兆扬. 面向视频编码的运动对象分割和提取. 上海大学学报, 2001, (1), 1 - 6

95 Micheal Krystek. A fast gauss filtering algorithm for roughness measurements. *Precision Engineering*, 1996, (19), 198 - 200

96 张志涌. 精通 MATLAB5. 3. 北京: 北京航空航天大学出版社, 2000

97 Micheal Krystek. Form filtering by splines. *Measurement*, 1996, **18**(1), 9 - 15

98 Donald F. Specht. A general regression neural network. *IEEE transactions on neural network*, 1991, (2), 568 - 576

99 Tanaka H., Tozawa K., Sato H. Application of a new straightness method to large machine tool. *CIRP Annals*, 1981, **30**(1), 455 - 459

100 Kakino G. A measuring method for the linear error motion of machine tool. *Journal of JSPE*, 1982, **48**(2), 239 - 242

101 洪迈生. 直行部件误差运动 EST 新案探. 第三次全国高精度回转轴线测试基本理论和应用学术讨论会, 1985

102 Tanaka H., Sato H. Extensive analysis and development of straightness measurement by sequential-two -point method.

Trans ASME J Engng Indus，1986，(108)，176 - 182

103　曹小瑞，王介心. 二点法与三点法测量导轨直线度的模拟分析. 磨床与磨削，1989，(3)，71 - 73

104　魏源迁，庞学慧，白恩远. 三点法误差分离技术理论分析. 计量学报，1991，(7)，199 - 205

105　孙宝寿，张玉. 频域两点法测量回转体素线直线度误差的应用研究. 华东冶金学院学报，1993，(10)，57 - 60

106　金嘉琦. 误差分离法实现直线度误差的在线测量. 沈阳工业大学学报，1994，(9)，42 - 45

107　陈卓宁，李少民. 移位法和双测头法直线度误差分离的精度分析. 华中理工大学学报，1994，(2)，65 - 68

108　李济顺，洪迈生. 形状误差分离统一理论——解的确定性准则. 上海交通大学学报，1998，(5)，46 - 48

109　洪迈生，魏元雷，李济顺. 一维和多维误差分离技术的统一理论. 中国机械工程，2000，(3)，245 - 249

110　Satshi kiyono，Wei Gao. Profile measurement of machined surfaces with a new differential method. *Precision Engineering*，1994，(16)，212 - 218

111　李圣怡，谭捷，潘培元. 精密三点法——在线测量精密机床直线度的新方法. 国防科技大学学报，1993，**15**(3)，12 - 16

112　王宪平，李圣怡. 直线度误差组合分离方法及其误差分析. 光学精密工程，1999，(8)，124 - 130

113　李济顺，洪迈生. 形状误差测量系统的体系结构. 振动、测试与诊断，1998，(12)，277 - 282

114　孙宝寿. 时域和频域两点法 EST 测量直线度误差比较分析. 华东冶金学院学报，1995，(7)，350 - 353

115　孙宝寿，张玉. 频域与时域三点法测量直线度误差分析比较. 宇航计测技术，1995，(12)，1 - 4

116　孙宝寿，张玉. 三点法 EST 测量直线度的误差分析. 宇航计策

技术，1996，(4)，25 - 29

117 张镭，金嘉琦，张玉. 时域与频域三点法直线度 EST 的对比研究. 仪器仪表学报，1998，(12)，659 - 662

118 黄光尚，周振农. 用两点法测量轧辊坯素线直线度误差. 华东冶金学院学报，2000，(4)，126 - 129

119 孙宝寿，黄筱调，吴玉国. 数控加工中在线测量线轮廓度误差应用研究. 宇航计测技术，2000，(12)，24 - 28

120 孙宝寿. 误差分离技术测量线轮廓度误差仿真计算. 安徽工业大学学报，2001，(4)，125 - 127

121 Satoshi Kiyono, Wei Gao. On-machine measurement of large mirror profile by mixed method. *JSME International Journal*, 1994, **37**(2), 300 - 306

122 Li C James, Li Sheng-Yi, Yu Jiangming. High-resolution error separation technique for in-situ straightness measurement of machine tools and workpieces. *Mechatronics*, 1996, (6), 106 - 112

123 Li Jishun, Hong Maisen. Symmetrical continuation technique and its application on straightness error separation. *Journal of Shanghai Jiaotong University*, 1996, **E1**(1), 33 - 36

124 Wei Gao, Satoshi Kiyono. High accuracy profile measurement of a machined surface by the combined method. *Measurement*, 1996, **19**(1), 55 - 64

125 Pahk H. J. , Park J. S. , Yeo I. Development of straightness measurement technique using the profile matching method. *Int J mach tools manufact*, 1997, **37**(2), 135 - 147

126 Xia Tao, Shinji Kasei, Tetsuya ITOH, Hirohito Matsuoka. A measurement method of straight motion accuracy and form straightness by means of overlap-couplings of a start range reference. *Int J Japan Soc Prec Eng*, 1998, **32**(1), 57 - 63

127　徐永凯，王信义，袁洪芳. EST 法测量深孔母线直线度的方案及其误差分析. 北京理工大学学报，2000，(8)，431－434

128　Fung E. H. K. , Yang S. M. An approach to on-machine motion error measurement of a linear slide. *Measurement*, 2001，(29)，51－62

129　Fung E. H. K. , Yang S. M. An error separation technique for measuring straightness motion error of a linear slide. *Meas Sci Technol*, 2000，(11)，1515－1521

130　李自军，洪迈生，魏元雷等. 频域法直线误差分离技术的周期性假设. 同济大学学报，2001，(12)，1387－1390

131　李自军，洪迈生，魏元雷等. 精确的频域三点法直线误差分离技术. 机械设计与研究，2002，(6)，54－55

132　Su H，Hong M. S，Li Z. J，*et al*. The error analysis and online measurement of linear slide motion error in machine tools. *Meas Sci Technol*, 2002，(13)，895－902

133　Wei Gao, Jun Yokoyama, Hidetoshi Kojima, *et al*. Precision measurement of profile cylinder straightness using a scanning multi-probe system. *Precision Engineering*, 2002，(26)，279－288

134　孙宝寿，聂建华，康磊. 虚位二测头法在线测量小轮廓线轮廓度误差的应用. 安徽工业大学学报，2002，(1)，20－22

135　周利，何奖爱，王玉玮. 轧辊制造技术与发展趋势. 铸造，2002，(11)，666－670

136　高明杰. 结合生产实际，谈降低轧辊损耗. 河北冶金，1998，(11)，153－155

137　完卫国. 热轧轧辊降耗初探. 钢铁研究，1999，(7)，46－51

138　肖德朗. 轧辊随机磨削装置的研制及其应用. 磨床与磨削，1997，(4)，40－42

139　新型轧辊表面形貌测量仪即将面世. 钢铁，2000，17(2)，64

140 郭景峰，郑绳楦，申光宪. 用 CCD 光学三角法测轧辊表面磨损量. 燕山大学学报，2002，(4)，305－307

141 穆平安，张仁杰，戴曙光等. 轧辊滚面形状自动检测仪的研制. 华东工业大学学报，1997，**19**(1)，92－96

142 尚丽平，郑德忠. 辊型在线超声检测技术的应用. 传感器世界，1999，(9)，23－26

143 FMT Equipment Corporation，http：//www. fmt-equipment. com/index. htm

144 VOLLMER，http：//www. vollmer-gauge. com

145 SeaTech Computer，http：//www. seatech. com. cn

146 Piatetsky-Shapiro G.，Frawley W. J.，Knowledge discovery in databases，AAAI/MIT Press，1991

147 Fayyad U. M.，Piatetsky-Shapir G.，Smyth P.，*et al*. Adavances in Knowledge Discovery and data mining，AAAI/ MIT Press，1995

148 Imielinski T.，Mannila H. A database perspective on knowledge discovery. *Communications of ACM*，1996，(39)，58－64

149 Jiawei Han，Micheline Kamber. Data Mining：Concepts and Techniques. Morgan Kaufmann Publishers，2000

150 Chaudhuri S. Data mining and database systems：where is the intersection? *Bulletin of the Technical committee on data engineering*，1998，(3)，4－8

151 Chaudhuri S.，Dayal U.，Ganti V. Database technology for decision support systems. *IEEE Computer*，2001，48－55

152 Ganti V.，Gehrke J.，Ramakrishnan R. Mining very large databases. *IEEE Computer*，1999，38－45

153 Agrawal R.，Imielinski T.，Swami A. Mining association rules between sets of items in large databases. SIGMOD，

1993, 207 - 216

154 Jochen Hipp, Ulrich Guntzer, Gholamreza Nakhaeizadeh. Algorithms for association rule mining-A general survey and comparison. ACM SIGKDD, 2000, 58 - 64

155 David W. Cheung, Jiawei Han, Vincent T. Ng, *et al.* Maintenance of discovered association rules in large databases: an incremental updating technique. *In International Conference on Data Engineering*, ICDE, 1996

156 Gerd Stumme, Rafik Taouil, Yves Bastide. Intelligent structuring and reducing of association rules with formal concept analysis. *Proc. KI'2001 conference*, LNAI 2174: 335 - 350

157 Chan Man Kuok, Ada Fu, Man Hon Wong. Mining fuzzy association rules in databases. *SIGMOD Record*, 1998, **27**(1), 41 - 46

158 Jee-Hyong Lee, Hyung Lee-Kwang. An extension of association rules using fuzzy sets. *Proc. of the international fuzzy system association world congress*, 1997, 399 - 402

159 Artur Bykowski, Christophe Rigotti. A condensed representation to find frequent patterns. *Proc. 12th ACM SIGACT-SIGMOD-SIGART Symposium on Principles of Database Systems*, PODS 2001, 267 - 273

160 Yves Bastide, Rafik Taouil, Nicolas Pasquier. Mining frequent patterns with counting inference. ACM SIGKDD, 2000, 66 - 75

161 Agrawal R. , Srikant R. Fast algorithms for mining association rules. *VLDB*, 1994, 487 - 499

162 Jiawei Han, Yongjian Fu. Discovery of multiple-level association rules from large databases. VLDB, 1995, 420 - 431

163 Srikant R. , Vu Q. , Agrawal R. Mining association rules with item constraint. *KDD*, 1997, 67 – 73

164 Ng R. , Lakshmanan L. V. S. , Alex Pang, *et al*. Exploratory mining and pruning optimizations of constrained associations rules. ACM-SIGMOD, 1998, 13 – 24

165 Ng R. , Lakshmanan L. V. S. , Jiawei Han, *et al*. Exploratory mining via constrained frequent set queries. ACM SIGMOD Record, 1999, **28**(2), 556 – 558

166 Bayardo R. J. , Agrawal R. , Gunopulos D. Constraint-based rule mining in large, dense databases, ICDE, 1999, 188 – 197

167 Ke Wang, Yu He, Jiawei Han. Mining frequent itemsets using support constraints. *Proc. 26th VLDB Conference*, 2000, 43 – 52

168 Jean-Francois Boulicaut, Baptiste Jeudy. Using constraints during set mining: should we prune or not? In Proc. BDA'00

169 Jiawei Han, Lakshmanan L. V. S. , Ng R. Constraint-based multidime-nsional data mining. *IEEE Computer*, 1999, 46 – 50

170 Jian P, Jiawei Han, Yiwen Yin. Mining frequent patterns without candidate generation. In SIGMOD, 2000, 1 – 12

171 Jian P, Han Jiawei, Lu Hongjun, *et al*. H-mine: Hyper-structure mining of frequent patterns in large databases. ICDM, 2001, 441 – 448

172 Agrawal R. , Aggarwal C. , Prasad V. V. V. A tree projection algorithm for generation of frequent itemsets. *Journal of Parallel and Distributed Computing*, 1999

173 Geoffrey I. Webb. Efficient search for association rules. ACM SIGKDD, 2000, 99 – 107

174 Jiawei Han, Jian Pei. Mining frequent patterns by pattern growth: methodology and implications. *SIGKDD Explorations*,

2000, **2**(2), 14 - 20

175 Cabena P. , Hee Choi H. , Soo Kim I. , *et al.* Intelligent Miner for data application guide. *International Technical Support Organization*, http: //www. redbooks. ibm. com

176 Bing Liu. Integrating classification and association rule mining. KDD, 1998, 80 - 86

177 Bing Liu, Wynne Hsu, Yiming Ma. Integrating classification and association rule mining. KDD - 98, New York, 1998

178 Bing Liu, Wynne Hsu, Yiming Ma. Building an accurate classifier using association rules. Technical Report, 1998

179 Srikant R. , Agrawal R. Mining sequential patterns: generalizations and performance improvements. EDBT, 1996

180 Nimrod Megiddo, R. Srikant. Discovering predictive association rules. KDD, 1998, 274 - 278

181 Clementine 6. 0 User's guide, www. spss. com

182 Srikant R. Agrawal R. Mining generalized association rules. Research Report RJ 9963, IBM Almaden Research Center, San Jose, California, June 1995

183 Jiawei Han, Jian Pei, Yiwen Yin, *et al.* Mining frequent patterns without candidate generation: a frequent-pattern tree approach. *Data Mining and Knowledge Discovery*, 2004, (8), 53 - 87

184 Jian P, Jiawei Han, Lakshmanan L. V. S. Mining frequent itemsets with convertible constraint. ICDE, 2001, 323 - 332

185 Lakshmanan L. V. , Ng R. , Jiawei Han, *et al.* Optimization of constrained frequent set queries with 2-variable constraints. ACM SIGMOD, 1999, 157 - 168

186 Boulicaut J. -F. , Jeudy B. Using constraint for itemset mining: should we prune or not? BDA, 2000, 221 - 237

187 Jian Pei, Jiawei Han. Can we push more constraints into frequent pattern mining? ACM SIGKDD, 2000, 350 - 354

188 Pasquier N. , Bastide Y. , Taouil R. , *et al.* Efficient mining of association rules using closed itemset lattices. *Information Systems*, 1999, 24(1), 25 - 46

189 Boulicaut J. -F. , Bykowski A. Frequent closures as a concise representation for binary data mining. PAKDD, 2000, 62 - 73

190 Zaki M. J. Generating non-redundant association rules. KDD, 2000, 34 - 43

191 Jian Pei, Jiawei Han, Runying Mao. CLOSET: an efficient algorithm for mining frequent closed itemsets. ACM SIGMOD, 2000

192 Balaji Padmanabhan, Alexander Tuzhilin. Small is beautiful: discovering the minimal set of unexpected patterns. KDD 2000, 54 - 63, Boston, MA, USA

193 Pasquier N. , Bastide Y. , Taouil R. , *et al.* Discovering frequent closed itemsets for association rules. ICDT, 1999, 398 - 416

194 Jian Pei, Jiawei Han. PrefixSpan: Mining sequential patterns efficiently by prefix-projected pattern growth. ICDE, 2001, 215 - 224

195 Boulicaut J. -F. , Bykowski A. , Rigotti C. Free-sets: A condensed representation of Boolean data for the approximation of frequency queries. *Data mining and Knowledge discovery*, 2003, 7(1), 5 - 22

196 Bastide Y. , Pasquier N. , Taouil R. Mining minimal non-redundant association rules using frequent closed itemsets. Proc. DOOD'2000, 972 - 986

197 Zaki M. J. , Ching-Jui Hsiao. CHARM: An efficient

algorithm for closed itemset mining. Proc. of the 2ⁿᵈ SIAM Int'l Conf. on Date Mining, 2002, 12 - 28

198　Cristofor D. , Cristofor L. , Simovici D. A. Galois connections and data mining. *Journal of Universal Computer Science*, 2000, **6**(1), 60 - 74

199　Bayardo R. J. Efficiently mining long patterns from databases. ACM SIGKDD, 1998, 85 - 93

200　Calders T. Deducing bounds on the frequency of itemsets. In EDBT Workshop DTDM Database Techniques in Data Mining, 2002, 214 - 233

201　Calders T. , Goethals B. Mining all non-derivable frequent itemsets. *Proceedings of the 6th European Conference on Principles of Data Mining and Knowledge Discovery*, 2002, 74 - 85

202　Davey B. A. , Priestley H. A. Introduction to lattices and Order. Cambridge University Press, Four edition, 1994

203　唐文献，方明伦，李莉敏. 基于知识的产品协同设计系统体系结构研究. 2004, (3), 601 - 605

204　张成明，唐文献. 支持创新设计的知识体系及共享方法研究. 组合机床与自动化加工技术, 2003, (12), 33 - 35

205　张成明，唐文献. 知识驱动下的产品设计方法研究. 机械设计与制造, 2002, (10), 49 - 51

206　Marcus Sandberg. Knowledge based engineering-in product development. *Computer Aided Design*, 2003, (5)

207　Shakeri Cirrus, Deif Ismail, Katragadda Prasanna. Intelligent design system for design automation. *Proc. of SPIE-The international Society for Optical Engineering*, 2000, 27 - 35

208　Sushkov V. V. , Mars N. J. I. , Wognum P. M. Introduction to TIPS: A theory for creative design. *Artificial Intelligence in Engineering*，1995，(3)，177－189

209 Pahl G，Beitz **W**. Engineering Design：a systematic approach.
London：The Design Council，1988

210 任守榘. 现代制造系统分析与设计. 北京：科学出版社，
1999.8

211 赵松年，佟杰新，卢秀春. 现代设计方法. 北京：机械工业出版
社，2001.6

212 邓家提. 产品设计的基本理论与技术. 中国机械工程，2000，
(2)，1－2

213 乌兰木齐，邓家提. 现代产品设计方法及演进. 机械工程学报，
2000，(5)，1－5

214 罗绍新. 机械创新设计. 北京：机械工业出版社，2003.1

215 Hicks B. J.，Culley S. J.，Allen R. D. *et al*. A framework
for the requirement of capturing，storing and reusing information
and knowledge in engineering design. *International Journal of
Information Management*，2002，(22)，263－280

216 程志华，黄伟，裴仁清. 便携式工业"听诊器"的研制. 仪表技
术，2001，(4)，13－15

217 程志华，黄伟，裴仁清. 工业"听诊器"中声音处理电路的设计.
自动化仪表，2001，(10)，58－59

218 Gerhard Fischer. Meta-Design：Beyond user-centered and
participatory design. *Proc. of HCI International*，2003，88－92

219 Gerhard   Fischer，Jonathan   Ostwald.   Knowledge
communication in design communities. Barriers and Biases in
Computer-Mediated Knowledge Communication，Rainer
Bromme，Friedrich Hesse and Hans Spada(Ed.)，1－32，2003

220 Gerhard Fischer. The software technology of the 21st century：
From software reuse to collaborative software design. Proc. of
ISFST，2001，1－8

221 崔锦泰著，程正兴译. 小波分析导论. 西安：西安交通大学出
版社，1995

222 Daubechies I. , Wavelets. CBMS-NSF series in Appl. Math. ,
SIAM Publ. , Philadelphia，1992

223 Daubechies I. The wavelet transform，time-frequency
localization and signal analysis. *IEEE Tran. Information
Theory*，1990，**36**(5)，961 – 1005

224 Mallat S. A theory of multi-resolution signal decomposition：
the wavelet representation. *IEEE Trans. Pattern Anal.
Machine Intell*，1989，(11)，674 – 693

225 虞和济，陈长征，张省等. 基于神经网络的智能诊断. 北京：冶金
工业出版社，2000

226 Feelders A. , Daniels H. , Holsheimer M. Methodological and
practical aspects of data mining. *Information & Management*，
2000，(37)，271 – 281

227 Fayyad U. , Piatetsky-Shapiro G. , Smyth P. , Uthurusamy
R. (Eds.). Advances in Knowledge Discovery and Data
Mining. AAAI Press，1996

228 Jiawei Han，Micheline Kamber 著,范明、孟晓峰等译. 数据挖
掘：概念与技术. 北京：机械工业出版社，2001

229 Zadeh F. Amin. , Jurnshidi M. (Eds.). Soft Computing—
fuzzy logic，neural networks and distributed artificial
intelligence. Prentice-Hall，1994

230 Jang J. -S. R. , Sun C. -T. , Mizutani E. Neuro-fuzzy and soft
computing：A computational approach to learning and machine
intelligence. Prentice-Hall PTR，Englewood Cliffs，NJ，1997

231 Li Chunshien, Huang Jyh-Yann, Chen Chih-Ming. Soft
computing approach to feature extraction. *Fuzzy sets and
systems*，2004，(147)，119 – 140

232 Vila M. A. , Cubero J. C. , Medina J. M. , *et al*. Soft Computing: A new perspective for some data mining problems. *Vistas in Astronomy*, 1997, (3), 379 – 386

233 John Zeleznikow, Jame R. Nolan. Using soft computing to build real world intelligent decision support systems in uncertain domains. *Decision Support Systems*, 2001, (31), 263 – 285

234 Gao X. Z. , Ovaska S. J. Soft computing methods in motor fault diagnosis. *Applied soft computing*, 2001, (1), 73 – 81

235 Vachkov G. L. , Christova N. G. Soft computing method for solving the problem of diagnosis and correction of measurement errors. *Computers Chem. Engng*, 1996, (20), 5659 – 5664

236 Nikhil Ranjan Pal. Soft computing for feature analysis. *Fuzzy sets and systems*, 1999, (103), 201 – 221

237 Lippmann R. R. An introduction to computing with neural nets. *IEEE acoustics, speech and signal processing magazine*, 1987, (4), 4 – 22

238 Hecht-Nielsen R. Neurocomputing. Addison-Wesley, Reading, MA, 1990

239 Nelson M. M. , Illingworth W. T. A practical guide to neural networks. Addison-Wesley, Reading, MA, 1991

240 David M. Skapura. Building neural networks. Addison-Wesley, 1995

241 James A. Anderson. An introduction to neural networks. The MIT Press, 1995

242 Mohamad H. Hassoun (Eds.). Fundamentals of artificial neural networks. the MIT Press, 1995

243 Zadeh L. A. Quantative fuzzy semantics. *Inform. Sci. ,*

1971, (3), 159 - 176

244　Zadeh L. A. Outline of a new approach to the analysis of complex systems and decision processes. *IEEE Trans. System Man Cybernet.*, 1973, (3), 28 - 44

245　Zadeh L. A. The concept of a linguistic variable and its applications to approximate reasoning. *Inform. Sci.*, 1975, (8), 199 - 249

246　Zadeh L. A. Fuzzy sets: Usuality and commonsense reasoning, EECS technical report, University of California, Berkeley, 1985

247　Zadeh L. A. Why the success of fuzzy logic is not paradoxical. *IEEE Expert*, 1994, 43 - 46

248　KosKo B. Neural networks and fuzzy systems: a dynamical systems approach to machine intelligence. Prentice Hall, 1992

249　George J. Klir, Bo Yuan. Fuzzy sets and fuzzy logic: theory and applications. Prentice Hall, 1995

250　Hua Li, M. Gupta. Fuzzy logic and intelligent systems. Kluwer Academic Publishers, 1995

251　Baldwin J. F. ,ed. Fuzzy logic. Wiley Chichester, 1996

252　Holland J. H. Genetic algorithms. *Sci. Am.*, 1992, (7), 44 - 50

253　Holland J. H. Adaptation in natural and artificial systems. 2nd ed. , MIT Press, Cambridge, MA, 1992

254　Golfberg D. E. Genetic algorithms in search, optimization and machine learning. Addison-Wesley, Reading, MA, 1989

255　Keeney R. L. , Raiffa H. Decision with multiple Objectives: Preferences and value trade offs. Wiley, New York, 1976

256　Breiman L. , Friedman J. H. , Olshen R. A. , *et al.* Classification and Regression trees. Wadsworth, 1984

257　Richard Nock, Pascal Jappy. Decision tree based induction of decision lists. *Intelligent data analysis*, 1999, (3), 227–240

258 Clark P., Niblett T. The CN2 induction algorithm. *Machine Learning*, 1989, (3), 261–283

259 Quinlan J. R. C4.5: programs for machine learning. Morgan kaufmann, 1994

260 Quinlan J. R. Induction of decision trees. *Machine Learning*, 1986, (1), 86–106

261 Quinlan J. R. Simplifying decision trees. *Int. J. Man-Mach. Stud.*, 1987, (27), 221–234

262 Kim H., Koehler G. J. Theory and Practice of decision tree induction. *Omega. Int. J. Mgmt Sci.*, 1995, (6), 637–652

263 Heckerman D. Bayesian Networks for knowledge discovery, in U. Fayyad, G. Piatetsky-Shapiro, P. Smyth, R. Uthurusamy(Eds.). Advances in Knowledge Discovery and Data Mining, AAAI Press, 1996, 447–467

264 Mouhab A. A Bayesian decision theory approach to screening and classification with large samples results. thesis, University of Wisconsin-Madison, 1991

265 Johnson R. A., Mouhab A. A Bayesian decision theory approach to screening problems. *In advances in reliability*, 1993, 181–205

266 Zribi M., Ghorbel F. An unsupervised and non-parametric Bayesian mixture identification algorithm applied to image segmentation. IAPR'95, 423–428

267 Zribi M., Ghorbel F. An unsupervised and non-parametric Bayesian classifier. *Pattern Recognition Letter*, 2003, (24), 97–112

268 Jain A. K., Dubes R. C. Algorithms for clustering data. Prentice-Hall. Englewoods Cliffs, NJ, 1988

269 Stepp R. E. Concepts in conceptual clustering. *Proc. Tenth*

International Joint Conf. on Artificial Intelligence, Milan, 1997

270　Fisher D. , Langley P. Approaches to conceptual clustering. *Proc. Ninth International Joint Conf. on Artificial Intelligence*, Los Angeles, 1995

271　Pollard D. Strong consistency for k-mean clustering. *Ann. Statist.* , 1981, (9), 135 - 140

272　Pollard D. Quantization and the method of k-means. *IEEE Trans. Inform. Theory*, 1982, (28), 199 - 205

273　Agosti M. , Crestani F. A methodology for the automatic construction of a Hypertext for information retrieval. *Proc. of the ACM Symposium on Applied Computing*, 1993, 745 - 753

274　Agosti M. , Crestani F. , Melucci M. Design and implementation of a tool for the automatic construction of hypertexts for information retrieval. *Information Processing & Management*, 1996, **32**(4), 459 - 476

275　邵勋,李佳,徐燕申. 模块化柔性加工装备快速响应设计中的评价系统. 机械科学与技术,1999, (11), 924 - 926

276　郑晓薇,龚兆仁. 具有分层结构的综合评价系统及其模型数据库的研究. 辽宁师范大学学报,1999, (2), 130 - 133

277　姜华,高国安,刘栋梁. 多准则、多目标决策评价系统的设计与实现. 系统工程学报,1999, (9), 296 - 300

278　黄敏纯,林述温,范扬波. 绿色制造评价系统的研究及其应用. 福州大学学报,2000, (12), 51 - 55

279　陈丽,陈根才. 基于数据挖掘建立高校系科办学评估体系的合理性评价系统. 浙江大学学报,2001, (5), 263 - 268

280　荣莉莉,王众托. 基于知识和模糊神经网络的学习型评价系统. 管理科学学报,2003, (6), 1 - 7

281　苏建宁,李鹤歧. 基于知识的机电产品工业设计评价系统. 计算机工程,2003, (6), 161 - 163

282 刘志峰,夏链,刘光复. 基于知识的"绿色"产品评价系统建立初探. 轻工机械,1997,(4),13-17

283 杨家红,肖松文,杨忠诚. 产品生命周期评价系统研究. 计算机工程与科学,2004,(5),66-69

284 姜华,高彤,高国安. 决策评价系统的实现——层次分析法在决策支持系统中的应用. 哈尔滨工业大学学报,1999,(4),69-71

285 蔡鸿明,陆长德. 机床工业设计模糊评价系统的构造研究及实现. 计算机辅助设计与图形学学报,1999,(5),272-275

286 张学昌,苏智剑,叶元烈. 汽车变速器模糊综合评价系统的研究. 郑州轻工业学院学报,1999,(12),44-47

287 刘朝英,赵建华. 投资项目模糊评价系统设计. 计算机仿真,2001,(7),10-13

288 俞国燕,郑时雄,黄平. 复杂工程设计综合评价系统研究. 机械科学与技术,2001,(1),4-8

289 庞彦军,刘开第,张博文. 综合评价系统客观性指标权重的确定方法. 系统工程理论与实践,2001,(8),37-42

290 陈国宏,陈衍泰,李美娟. 组合评价系统综合研究. 复旦学报,2003,(10),667-672

291 刘英华,张申生,曹健. 可集成模糊综合评价系统研究. 计算机集成制造系统——CIMS,2003,(12),149-155

292 周宇阳,陈汉平,王炜哲. 故障诊断灰色数学模型. 中国电机工程学报,2002,(6),146-151

293 周庆忠,曾慧娥. 机械产品设计方案的灰色模糊综合评价. 机械设计与制造,2001,(3),6-8

294 石骁骒,石广仁,张庆春. 模糊数学和灰色理论综合评价效果对比. 石油勘探与开发,2002,(4),84-86

295 邓聚龙. 灰色系统基本方法. 武汉华中科技大学出版社,1987

296 罗佑新,张龙庭,李敏. 灰色系统理论及其在机械工程中的应用. 国防科技大学出版社,2001

297 邝补生,徐福章等. 现代机器故障诊断学. 北京:中国农业出版社,1991

致　　谢

　　本论文是在导师裴仁清教授的精心指导下完成的. 在硕博连读的时间里,裴老师在学习、工作和生活上为我创造了一个良好的环境,使我能全心钻研;同时裴老师渊博的学识、严谨的治学态度、求实的科研作风给我留下了深刻的印象,使我终生难忘. 在具体选题和科研实施的过程中,裴老师过人的洞察力,善于抓住问题的本质以及开拓性的思维方式让我佩服. 每当在研究中遇到困难时,裴老师总是和我一起仔细探讨,共商对策. 可以说,这篇论文中的每一处都倾注了他的辛勤汗水和殷切期望.

　　衷心感谢整个教研室的老师们在整个博士学习期间里给予了我无微不至的关怀和照顾,包括李朝东教授、胡淑涛副教授、袁庆丰副教授、李居峰副教授、李维副教授、华卫平老师、刘建平老师、夏复兴老师、朱良琴老师等等.

　　感谢师兄华尔天、程志华、谈翰墨、苏州、李国正、张建宏、周厚伏、何莉、周宗峰,师姐陈瑛、王婉春、李亚静、许逊,师弟姚广晓、刘红生、赵懿峰、梁永、敬朝银、黄佳红、杨青,师妹马彩虹、夏雨等在日常的学习工作中给予的合作和帮助. 融洽的师兄弟关系在我的博士求学生涯中留下了一段极其美好的回忆.

　　感谢上海宝山钢铁股份有限公司和上钢三厂在本论文支撑项目的开展过程中所给予的支持和帮助. 尤其是作者在厂里两年多的科研工作中,是他们的热情配合才得以使工作顺利开展.

　　特别感谢我的爱人余佳琳,在我攻读博士学位期间,无论是成功还是失败,她都一如既往地支持和鼓励我的研究工作.

　　最后还要向我的父母、岳父母、外婆、舅舅、姐姐、姐夫致以衷心的感谢,感谢他们对我的理解、支持和鼓励.

　　谨以此文,献给所有关心、支持和帮助过我的亲人、师长、同学和朋友!